功能性海藻肥

FUNCTIONAL SEAWEED FERTILIZERS

秦益民　主编

中国轻工业出版社

图书在版编目(CIP)数据

功能性海藻肥/秦益民主编. —北京:中国轻工业出版社,2019.3

ISBN 978-7-5184-2235-7

Ⅰ.①功… Ⅱ.①秦… Ⅲ.①海藻-化肥工业-研究
Ⅳ.①TQ443.9

中国版本图书馆 CIP 数据核字(2018)第 261807 号

责任编辑:江 娟 靳雅帅 责任终审:劳国强 整体设计:锋尚设计
策划编辑:江 娟 责任监印:张 可

出版发行:中国轻工业出版社(北京东长安街 6 号,邮编:100740)
印 刷:北京画中画印刷有限公司
经 销:各地新华书店
版 次:2019 年 3 月第 1 版第 2 次印刷
开 本:720×1000 1/16 印张:14
字 数:260 千字
书 号:ISBN 978-7-5184-2235-7 定价:60.00 元
邮购电话:010-65241695
发行电话:010-85119835 传真:85113293
网 址:http://www.chlip.com.cn
Email:club@chlip.com.cn

190155K1C102ZBW

《功能性海藻肥》编写人员

主　　编：秦益民

副 主 编：赵丽丽　申培丽　张德蒙　王海朋
　　　　　张　琳　宋修超

参编人员：王发合　刘　健　耿志刚　张　扬
　　　　　李　军　王钰馨　巩小雨　赵培伟
　　　　　韩传晓　靳　鹏　冯　鸽　刘　杰
　　　　　高　岩　王　颖　姜怀飞

顾　　问：束怀瑞　高东升　张国防　李可昌
　　　　　韩西红

序 | Preface

国家“十三五”规划提出，以海洋经济发展为统领，全面部署中国海洋事业发展的总体战略。在“拓展蓝色经济空间”一章中，明确提出要发展海洋经济、科学开发海洋资源、建设海洋强国。

海藻是一种重要的海洋资源，在食品、保健品、海洋药物、海洋生物材料、化工、日化等众多领域有广泛应用。该书详细阐述了以海藻为主要原料生产的海藻肥料含有海藻植物体的多糖、多肽、维生素、甘露醇、甜菜碱、高度不饱和脂肪酸、抗生素以及多种天然植物激素，具有绿色、安全、高效、环境友好、吸收利用率高等许多独特的性能，能满足各种作物在各个生育期对养分的多样化需求，可以有效改良土壤、增加肥力。试验证明功能性海藻肥对调节作物生长、改善品质、提高产量有重要作用，受到群众广泛认可。

现代海藻类肥料产业起源于欧洲，在英国、法国、挪威等国家有悠久的发展历史。2000 年 12 月，青岛明月海藻集团作为国内最早获得海藻肥登记证的企业之一，以泡叶藻为原料，在山东农业大学微生物学专家及其他单位的共同协助下生产出的海藻肥在中国农业部正式获批。经过近 20 年的市场验证和反馈，明月海藻集团的海藻肥产品无论从品质还是使用效果方面均有显著提升，已经形成 6 大系列 100 多个品种，海藻有机肥、海藻有机无机复混肥、海藻冲施肥、海藻叶面肥、海藻微生物肥料、海藻掺混肥料等海藻类肥料的功能涵盖调理土壤型、调控生长型、平衡营养型等类别，在全国各地的各种作物上应用广泛，被广大农户誉为“真真正正海藻肥”。

以海藻肥为代表的新型特种肥料不仅是肥料产业升级进步的必然要求，也是优化生态环境，促进农业生产沿着高产、优质、低耗和高效的方向发展的重要保证，具有重要的经济效益、环境效益和社会效益。

本书是我国第一本系统深入的海藻肥专著，具有较高的学术和生产应用价值，对推动海藻肥产业发展意义重大。面向未来，期望明月海藻集团继续加大科研力度和产品开发投入，继续与高校科研院所深入合作，借助海藻活性物质国家重点实验室和农业部海藻类肥料重点实验室两个重要平台，专注全程作物营养和土壤修复，推出高效能的系列化国际领先新产品。围绕国家海洋强国战略，全方位整合资源，坚持以海洋生物资源开发和利用为发展方向，以市场需求为导向，在加大研发力量的同时提升营销能力、运营效率，实现产品的技术升级，推动新型肥料行业的发展，使我国海藻类肥料的研究、开发和应用处在世界前沿，实现利用海藻资源、服务现代农业的历史使命。

束怀瑞

中国工程院院士

山东农业大学教授

前言 | Foreword

海藻是一种重要的海洋生物资源，是海洋植物的主体、人类社会的一大自然财富。海藻包括从显微镜下才能看得见的单细胞硅藻、甲藻，以及长达几百米的巨藻。海藻含有丰富的生物质成分，经过科学加工制成的海藻肥是多种有效成分的混合物，在农业生产的长期应用过程中已经证明了优良的使用功效。海藻含有 K、Ca、Mg、Fe、Mn、Zn、I 等 40 余种矿物质元素以及丰富的氨基酸、多糖和维生素。除了维生素 B_1、维生素 B_{12}，海藻还含有维生素 E 和维生素 K，而陆生植物中维生素 E 含量很少，维生素 B_{12} 几乎没有，后者对块根植物的产量起重要作用。在生产过程中，海藻肥保留了海藻植物结构中的海藻酸、氨基酸、蛋白质、生长素、赤霉素、多酚、甘露醇、甜菜碱、多种活性酶和维生素等活性成分，还可以根据需要添加 N、P、K、Ca、Mg、S、Fe、Cu、Zn、B 等营养元素，有效满足各种农作物在各个生长阶段的营养需求。

我国有 1.8 万千米的大陆海岸线和 1.4 万千米的岛屿海岸线，海域面积 473 万平方千米，跨越热带、亚热带至寒温带等多个气温带，蕴藏着丰富的海洋藻类资源。最新数据显示，我国大型海藻物种数 1277 种，其中蓝藻门海藻 161 种、红藻门 607 种、褐藻门 298 种、绿藻门 211 种，约占全球海藻种类的 1/8 以上。经过几代海藻科学工作者的共同努力，无论在海藻生物资源的规模还是其生产、加工和利用的深度和广度，我国均处于世界前列，海带产量名列世界首位，紫菜养殖方面我国与日本、韩国并列为世界三大养殖国，裙带菜、江蓠、麒麟菜等海藻产业也有很大的发展。

尽管我国在海藻人工养殖以及海藻资源的综合利用上处于世界先进水平，但与欧美国家相比，我国的海藻类肥料产业起步较晚。直到 20 世纪 90 年代后期，以青岛明月海藻集团为代表的中国企业在以海藻为原料提取海藻酸盐和碘的过程中进行海藻废渣的综合利用，逐步发展起了以海藻资源综合利用为目标的现代海藻加工制备技术体系，在利用海藻渣中丰富的有机物质及大量微量元素制备优质有机肥料的同时，通过泡叶藻等纯海藻原料的化学、物理、生物法降解制备了海藻有机肥、海藻有机－无机复混肥、海藻精、海藻生根剂、海藻叶面肥、海藻冲施肥、海藻微生物肥料等海藻类肥料系列产品，利用海藻资源，服务现代农业。

当前我国肥料行业出现创新乏力、需求疲软、产能过剩、市场竞争激烈、利润率下降等现状。我国以占世界 9% 的耕地消耗了全球 1/3 的化肥，单位面积肥料用量是世界平均水平的 3.7 倍，而每千克养分所增产的粮食却不及世界水平的 1/2，并且肥料的消费仍呈上升趋势。以海藻类肥料为代表的新型肥料能给植物提供矿物质养分，并且通过物理、化学或生物转化作用，使土壤和作物的营养功能得到增强，可以有效提供营养、提高作物产量、改善农产品品质、保护耕地土壤生态环境、实现节本增效。

为了促进海藻类肥料的进一步发展，加快其在现代农业生产中的应用，我们编写了《功能性海藻肥》。本书在介绍海藻活性物质研究领域最新进展的基础上，全面阐述海藻肥的发展历史，以及用于制备海藻肥的各种海藻的来源、海藻肥的制备方法、功效和应用，结合全球各地对海藻肥的研究成果，详细总结了海藻肥促进根系健康生长、改善生节、促进根际细菌增长、抑制土壤传播疾病和线虫病、提高作物品质、大小、口味和产量、促进发芽和开花、降低热和霜冻的影响、加强细胞壁抗虫、抗真菌、提高萌发率、提高块根作物品质等优良功效。编者期望通过《功能性海藻肥》一书使广大读者更好地了解海藻生物资源独特的功效及其在生态肥料领域中的应用价值。

《功能性海藻肥》一书共八章，由嘉兴学院秦益民教授担任主编，执笔 20 万字。在本书的编写过程中，得到青岛明月海藻集团张国防董事长以及海藻活性物质国家重点实验室和农业部海藻类肥料重点实验室的大力支持，王发合、赵丽丽、申培丽、张德蒙、刘健、王海朋、张琳、宋修超、耿志刚、张扬、李军、王钰馨、巩小雨、赵培伟、韩传晓、靳鹏、冯鸽、刘杰、高岩、王颖、姜怀飞等技术人员参与了本书的编写工作。山东农业大学束怀瑞院士、高东升副校长、国家苹果工程技术研究中心办公室陈修德主任、青岛明月海藻集团有限公司李可昌副总裁以及青岛明月蓝海生物科技有限公司（明月海藻集团全资子公司）韩西红总经理为本书提供了宝贵的资料，在此表示衷心的感谢。

本书适合海洋生物、化学工程、生物工程、生物技术、农业、果蔬种植等相关行业从事生产、科研、产品开发和推广应用的工程技术人员以及大专院校相关专业的师生阅读、参考。

由于海藻生物资源以及海藻类肥料涉及的研究和应用领域广泛，内容深邃，编者的学识有限，疏漏之处在所难免，敬请读者批评指正。

编者

2018 年 9 月

目录 | Contents

第一章

海藻活性物质的研究开发与应用

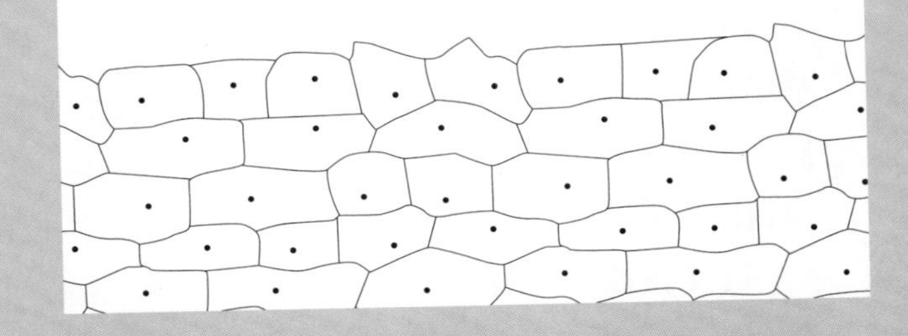

第一节　概述

藻类是自然界中一个特殊的植物类群，占植物界分类系统中门的1/3，有近50000种，相当于所有植物种类的10%，在形态结构、生殖特征、生命周期、生理和生化性能等方面呈现出丰富的生物多样性（Chen，2001；Bold，1967）。

海藻是生长在海洋环境中的藻类植物，是一种由基础细胞构成的单株或一长串的简单植物，无根、茎、叶等高等植物的组织构造。根据其生存方式，海藻可分为底栖藻和浮游藻，根据其形状大小可分为微藻和大藻。目前一般将大型海藻称为海藻，而将漂浮在海水中的微藻统称为浮游植物。大型海藻主要包括褐藻门、红藻门和绿藻门，常见的褐藻主要为海带、裙带菜、巨藻、马尾藻、泡叶藻等，常见的红藻主要为江蓠、紫菜、石花菜、麒麟菜等，常见的绿藻主要为浒苔、石莼等。海洋浮游微藻包括蓝藻门、隐藻门、甲藻门、金藻门、黄藻门、硅藻门、裸藻门等各种藻类，目前已发现的有10000多种。目前我国海藻化工产品的原料主要以褐藻和红藻类大型海藻为主（Rasmussen，2007）。

海藻是海洋最重要的生产者，通过光合作用把海水中的无机物、二氧化碳等成分转化为有机物和氧气，成为地球上最大的氧气"供应商"。海藻也是储量最大且可再生的海洋生物质资源，具有物质循环周期短、能源流动速度快、生物质生产效率高等特征，为各种海洋生物的生存和繁衍提供物质基础。海藻是海洋生态系统的根基，除了通过光合作用制造氧气和有机物，它们是绝大多数海洋动物的能量来源。从南极到赤道、北冰洋，地球上只要有海水的地方就能通过水中的海藻支撑起一片生机勃勃的海域。北极熊、南极磷虾和企鹅的食物链都开始于海藻。

生长在大海深处的海藻与陆地上的树木、竹子一样，在蔚蓝的海水中形成一片片海底森林，为鱼、虾、蟹、贝等海洋动物提供赖以生存的场所。海藻是地球上生物多样性最丰富的自然生态系统之一，既为海洋动物提供栖息地、育苗场和庇护所，也为它们提供食物来源。大型海藻形成的海藻床能为藻栖生物群落提供理想的生境，为甲壳动物、节肢动物、软体动物、鱼类等许多附着动物和植物提供良好的生存空间。图1-1所示为生长在智利海域的巨藻。

世界各地分布着丰富的野生大型海藻资源，其中褐藻在寒温带水域占优

图1–1　生长在海洋中的智利巨藻

势，红藻分布于几乎所有的纬度区，绿藻在热带水域的进化程度最高。褐藻门的海带属主要分布在俄罗斯远东、日本、朝鲜、挪威、爱尔兰、英国、法国等地，巨藻主要分布在智利、阿根廷以及美国和墨西哥的部分地区，泡叶藻主要分布在爱尔兰、英国、冰岛、挪威、加拿大等地。红藻门的江蓠的分布几乎覆盖全球海域，南半球主要分布在阿根廷、智利、巴西、南非、澳大利亚，北半球主要分布在日本、中国、印度、马来西亚及菲律宾等国家。

海藻也可以通过人工养殖进行大规模工业化生产。中国、印度尼西亚、菲律宾、日本、韩国等国在海藻养殖和加工方面处于世界领先地位，是目前世界海藻养殖业的主产区，其中中国海藻养殖业发展迅速，产量居世界首位（Tseng，2001）。日本的海藻养殖业非常发达，养殖海藻产量占其海藻总产量的95%左右，主要品种有紫菜、裙带菜、海带等。韩国的海藻养殖产量占其总产量的97%左右，其中裙带菜和紫菜是最重要的两个养殖品种。近年来印度尼西亚的海藻养殖业发展迅猛，年产量已经突破1000万吨（FAO，2016）。图1-2所示为人工养殖海带的场景。

海藻一直是人类的一个重要资源（Dillehay，2008）。在智利蒙特韦尔德（Monte Verde）的考古挖掘中发现9种海藻与14000年前的壁炉、石器等一起存在，说明海藻在远古时代就被作为食品或药品使用，而这几种海藻到现在还被当地人作为药品使用。世界各地均有把海藻用于食品、药品、保健品、肥料、日化用

图1-2　海带的人工养殖

品的历史记载（Chapman，1980；Lembi，1988）。沿海地区的亚洲人一直把海藻作为食品和药品使用（Newton，1951），其中紫菜的食用在公元533—544年就有描述（Tseng，1981）。在欧洲，海藻的工业化应用从1690年开始，在第一次世界大战前达到鼎盛期，当时每年用于生产碘和碳酸钾的海藻的湿重曾达到20万~400万吨。

第二节　海藻的化学生态学

生长在海洋环境中的海藻生物体与其周边的海水形成一个互动的生态体系，其化学组成是海藻化学生态进化和演变的结果。在海藻的生物进化过程中，其化学生态涉及捕食、竞争性相互作用、抵抗微生物感染等生命活动（Smit，2004；La Barre，2004；Fusetani，2004）。在海洋生态环境中，海藻属于被吞食的弱者。为了避免海洋食草动物的大量吞食、维护自身的生存繁衍，大多数海藻能产生一些具有自我防御特性的代谢物质，如抗生素、激素、生物碱、毒素等。这些物质是海藻在亿万年进化过程中发展起来的生物武器，起着传递信息、拒捕食、杀灭入侵生物等自卫作用，在抗病毒、抗菌、抗肿瘤方面显示出巨大的应用潜力（蔡福龙，2014）。

褐藻中的单萜类化合物对食草动物起到化学抵御作用（Paul，2006），二萜类化合物具有阻止海胆和食草鱼侵食的作用（Barbosa，2003；Barbosa，2004）。在对一种褐藻的研究中发现其含有的二萜类化合物的含量与捕获地点相关（Soares，2003），对于同一种类的海藻，北海岸收集的和南海岸收集的含有不同的代谢产物，化学防御研究显示两种不同的提取物均可以抑制海胆和蟹的进食。

一些褐藻在细胞液泡内含有 pH<1 的高浓度硫酸作为化学防御物（Amsler，2005）。研究显示褐藻多酚混合物以及二鹅掌菜酚等可以抑制食草蜗牛内脏消化酶的活性（Shibata，2002），红藻中的卤代单萜也具有制止端足类摄食的作用。除了抗菌和抑制侵食，一些海藻活性物质在海藻生物体中具有修复组织损伤的作用（Adolph，2005）。海藻在分解过程中也产生土臭素、甲基异莰醇（图 1-3）等既难氧化也难氯化的挥发性有机物，是造成水异味的主要原因。

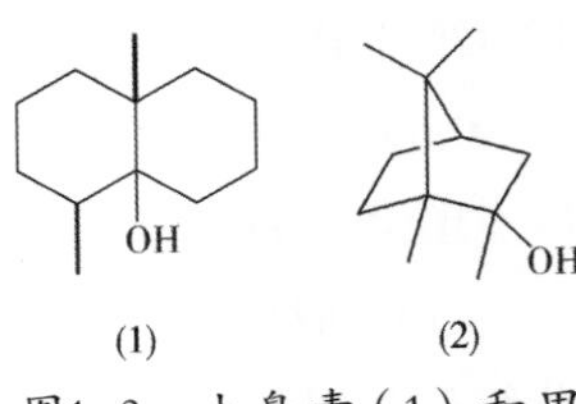

图1-3　土臭素（1）和甲基异莰醇（2）的化学结构

第三节　海藻活性物质的应用潜力

海藻活性物质是一类从海藻生物体内提取的，可以通过化学、物理、生物等作用机理对生命现象产生影响的生物质成分，包括海藻细胞外基质、细胞壁及原生质体的组成部分以及细胞生物体内的初级和次级代谢产物，其中初级代谢产物是海藻从外界吸收营养物质后通过分解代谢与合成代谢，生成的维持生命活动所必需的氨基酸、核苷酸、多糖、脂类、维生素等物质，次级代谢产物是海藻在一定的生长期内，以初级代谢产物为前体合成的一些对生物生命活动非必需的有机化合物，也称天然产物，包括生物信息物质、药用物质、生物毒素、功能材料等海藻基化合物（张国防，2016；张明辉，2007）。

由于海藻长期处于海水这样一个特异的闭锁环境中，并且海洋环境具有高盐度、高压力、氧气少、光线弱等特点，海藻类生物进化过程中产生的代谢系统和机体防御系统与陆地生物不同，使海藻生物体中蕴藏许多独特的生理活性物质，包括生物碱类、萜类、肽类、大环聚酯类、多糖类、多烯类不饱和脂肪酸等化合物（康伟，2014）。相对于海绵、海鞘和软珊瑚等其他海洋生物，海藻代谢产物的结构相对简单，其最大特点是富含溴、氯和碘等卤素，尤其是含有大量多卤代倍半萜、二萜以及溴酚类代谢产物（史大永，2009），具有拒食、抗微生物、抗附着和生物毒性等特殊功效。

大量研究证明海藻代谢产物中含有丰富的生物活性物质。到 2009 年，世界各地已经从海藻中发现3280多种化合物，约占海洋生物中提取的化合物总数的30%。在大型藻类中，褐藻和红藻是生物活性物质最丰富的种群，其中红藻中卤代产物更为丰富，这些物质主要包括海洋药用物质、生物信息物质、海洋生物毒素和生物功能材料等，是海洋生物天然产物重要的组成部分。研究显示，羊栖菜含海藻酸20.8%、粗蛋白7.95%、甘露醇10.25%、灰分37.19%、钾12.82%、碘0.03%；海蒿子含海藻酸19.0%、粗蛋白9.69%、甘露醇9.07%、灰分30.65%、钾5.99%、碘0.017%，其组成中含D-半乳糖、D-甘露糖、D-木糖、L-岩藻糖、D-葡萄糖醛酸和多肽。

海藻活性物质具有优良的保健功效，在我国古代医学名著中有很多记载。《本草纲目》记载海藻具有软坚、消痰、利水、泄热等功效，主治瘰疬、瘿瘤、积聚、水肿、脚气、睾丸肿痛。《神农本草经》记载海藻"主瘿瘤气、颈下核，破散结气、痈肿百瘕坚气、腹中上下鸣，下十二水肿"。《别录》记载："疗皮间积聚、暴㿉、留气、热结，利小便"。《药性论》记载："治气痰结满，疗疝气下坠、疼痛核肿，去腹中雷鸣、幽幽作声"。孟诜记载："主起男子阴气，常食之，消男子㿉疾。"《海药本草》记载："主宿食不消、五鬲痰壅、水气浮肿、脚气、奔豚气。"《本草蒙筌》记载："治项间瘰疬，消颈下瘿囊，利水道，通癃闭成淋，泻水气，除胀满作肿。"《现代实用中药》记载："治慢性气管炎等症。"张元素记载："海藻，治瘿瘤马刀诸疮坚而不溃者。"

表1-1所示为海藻中各种功能活性物质的种类及其功效。通过有效提取、分离、纯化，这些纯天然生物制品在与人体健康密切相关的功能食品、保健品、化妆品、生物医用材料、绿色生态肥料等领域有很高的应用价值。

表1-1　海藻功能活性物质的种类及其功效

活性物质种类	功效
γ-亚麻酸（γ-linolenic acid）	抑制血管凝聚物形成
β-胡萝卜素（β-carotene）	消除毒物自由基，防肿瘤，清血
类胡萝卜素（carotene）	调节皮肤色素沉积，防皮肤癌变
硒多糖（selenipolyglycan）	抑制癌细胞繁殖，防癌变
碘多糖（iodopolyglycan）	促进神经末梢细胞增长，增智
锌多糖（zincopolyglycan）	调节血液物质平衡，防皮肤瘤

续表

活性物质种类	功效
游离氨基酸（free amino acid）	调节体液pH，物质平衡
高度不饱和脂肪酸（PUFA）	调节胆固醇，抗动脉硬化
藻蛋白（PC，PE）	刺激复活免疫系统，抗治动脉粥样硬化
岩藻多糖（fucoidan）	抑制乙肝抗原和转氨酶活性，抗血凝，促进脂蛋白分解
角叉菜多糖（λ-carraginan）	抑制逆转录酶活性，抑制艾滋病病毒（HIV）的复制
超氧化歧化酶（superoxide dismutase，SOD）	消除化学自由基，维持人体物质平衡，长寿剂
羊栖菜多糖（SFPS）	抑制致癌物，增强免疫力
螺旋藻多糖（spinclinan）	增加免疫力，抗癌变
褐藻多酚（polyphenol）	抗氧化活性，稳定易氧化药效
磷脂（phospholipids）	抑制血糖增高，抑制癌细胞生长
红藻硫酸多糖（SAE）	抑制病毒逆转录和（HIV）
甜菜碱类似物（betaine analogue）	消解胆固醇，降血压，植物生长调节剂
脱落酸（abscisic acid）	抗盐碱渗透，促进植物生长
萜类化合物（terpnoid）	调节渗透压，促进细胞增殖
细胞激动素（cytokinin）	刺激细胞分裂，促生长
赤霉素（gibberellicic acid）	抑制病毒，使植物体抗病害
海藻过氧化酯（peroxidase）	促进植物体吸收无机盐，增长剂
昆布多糖（laminaran）	抑制转氨酶活性，血管软化
吲哚乙酸（indoleacetic acid）	抗寒温，促进种子发芽

按照化学结构，海藻活性物质可分为多糖类、多肽类、氨基酸类、脂类、甾醇类、萜类、苷类、非肽含氮类、酶类、色素类、多酚类等10多个大类。下面介绍这几大类海藻活性物质的基本结构和性能。

一、海藻多糖

海藻中存在着大量多糖类物质，目前已经分离出的多糖被证明具有多种生物活性和药用功能，如抗肿瘤、抗病毒、抗心血管疾病、抗氧化、免疫调节等（刘莺，2006；Potin，1999）。由于海藻酸盐、卡拉胶、琼胶等海藻多糖溶解于水后形成的黏稠溶液具有凝胶功能，海藻多糖也称海藻胶或海洋亲水胶体。目前，有 100 多万吨海藻用于亲水胶体的提取，是一个快速增长的行业，从中得到的多糖及其衍生制品的抗氧化、抗病毒、抗肿瘤和抗凝血活性在功能食品、保健品、生物医用材料、化妆品等行业有重要应用价值。图 1-4 所示为琼胶、卡拉胶、海藻酸等海藻多糖的化学结构。

二、海藻生物活性肽

生物活性肽是介于氨基酸与蛋白质之间的聚合物，小至由两个氨基酸组成，大至由数百个氨基酸通过肽键连接而成，其生理功能包括类吗啡样活性、激素和调节激素的作用、改善和提高矿物质运输和吸收、抗细菌和病毒、抗氧化、清除自由基等。海藻生物活性肽的制备方法和途径有两条：一是从海藻生物体中提取出本身固有的各种天然活性肽类物质；二是通过水解海藻蛋白质后获得（林英庭，2009）。

三、海藻中的氨基酸

海藻中的氨基酸是其作为天然食品原料、食品添加剂及养殖饵料的基础，在海藻中部分以游离状态存在，大部分结合成海藻蛋白质。海藻的乙醇或水提取液中除了含有肽类和一般性游离氨基酸外，还含有一些具有特殊结构骨架的新型氨基酸和氨基磺酸类物质，具有显著的药物活性。根据其结构，这些新的特殊氨基酸可分为酸性、碱性、中性氨基酸和含硫氨基酸，属于非蛋白质氨基

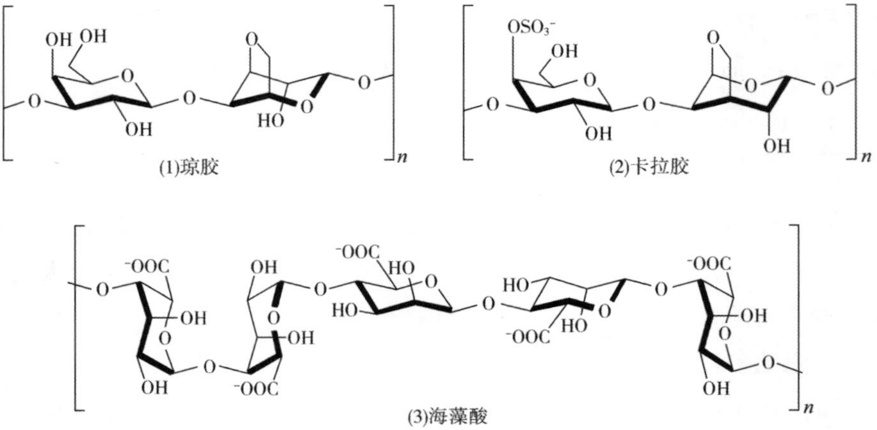

(1)琼胶　(2)卡拉胶

(3)海藻酸

图1-4　海藻多糖的化学结构

酸。相对于组成蛋白质的20种常见氨基酸，非蛋白质氨基酸多以游离或小肽的形式存在于生物体的各种组织或细胞中，多为蛋白氨基酸的取代衍生物或类似物，如磷酸化、甲基化、糖苷化、羟化、交联等各种结构形式，还包括D-氨基酸及β、γ、δ氨基酸等。据统计，从生物体内分离获得的非蛋白质氨基酸已达700多种，其中动物中发现的有50多种、植物中发现的约240种，其余存在于微生物中。非蛋白质氨基酸在生物体内可参与储能、形成跨膜离子通道和充当神经递质，在抗肿瘤、抗菌、抗结核、调节血压、护肝等方面发挥极其重要的作用（荣辉，2013）。

四、多不饱和脂肪酸

藻类是ω-3多不饱和脂肪酸（PUFAs）的主要来源，也是二十碳五烯酸（EPA）和二十二碳六烯酸（DHA）在植物界的唯一来源（Ackman，1964；Ohr，2005）。PUFAs在细胞中起关键作用，在人体心血管疾病的治疗中也有重要的应用价值（Gill，1997；Sayanova，2004），对调节细胞膜的通透性、电子和氧气的转移、热力适应等细胞和组织的代谢起重要作用，在保健品行业有巨大的应用潜力（Funk，2001）。

海藻含有大量多不饱和脂肪酸，其中DHA具有抗衰老、防止大脑衰退、降血脂、抗癌等多种作用，EPA可用于治疗动脉硬化和脑血栓，还有增强免疫力的功能。DHA和EPA的生理作用包括：①抑制血小板凝集，防止血栓形成与中风，预防老年痴呆症；②降低血脂、胆固醇和血压，预防心血管疾病；③增强记忆力，提高学习效果；④改善视网膜的反射能力，预防视力退化；⑤抑制促癌物质——前列腺素的形成，故能防癌；⑥降低血糖，预防糖尿病等。

五、甾醇类

甾醇类是巨藻和微藻的重要化学成分，也是水生生物的主要营养成分之一。巨藻是很多水生生物的食物，尤其是双壳纲动物。孵化厂使用的微藻中甾醇类的数量和质量直接影响双壳纲动物幼虫的植物甾醇和胆固醇组成，进而影响它们的成长性能（Delaunay，1993）。

六、萜类

萜类化合物是一类由两个或两个以上异戊二烯单位聚合成的烃类及其含氧衍生物的总称，根据结构单位的不同，可分为单萜、倍半萜、二萜以及多萜。萜类化合物广泛存在于植物、微生物以及昆虫中，具有较高的药用价值，已经在天然药物、高级香料、食品添加剂等领域得到广泛应用（徐忠明，2015）。在萜类化合物中，倍半萜的结构多变，已知的有千余种，分别属于近百种碳架。海洋生物是倍半萜丰富的来源，其中不少有显著的生物活性。凹顶藻的代谢物富含萜类化合物，被誉为萜类化合物的加工厂（史大永，2007；苏镜娱，1998）。

七、苷类

苷类是一类重要的海洋药物，包括强心苷、皂苷（海参皂苷、刺参苷、海参苷、海星皂苷）、氨基糖苷、糖蛋白（蛤素、海扇糖蛋白、乌鱼墨、海胆蛋白）等。苷类，又称配糖体，是由糖或糖衍生物的端基碳原子与另一类非糖物质（称为苷元、配基）连接形成的化合物。多数苷类可溶于水、乙醇，有些苷类可溶于乙酸乙酯与氯仿，难溶于乙醚、石油醚、苯等极性小的有机溶剂。皂苷类成分能降低液体表面张力而产生泡沫，故可作为乳化剂。内服后能刺激消化道黏膜，促进呼吸道和消化道黏液腺的分泌，故具祛痰止咳的功效。人参皂苷具强壮、大补元气作用，并对某些病理状态的机体起双向调节作用或称适应原样作用。不少皂苷还有降胆固醇、抗炎、抑菌、免疫调节、兴奋或抑制中枢神经、抑制胃液分泌等作用，一些甾体皂苷也有抗肿瘤、抗真菌、抑菌及降胆固醇作用，是合成甾体激素的原料。卢慧明等（卢慧明，2011）用乙醇浸泡龙须菜后把提取物经石油醚、乙酸乙酯萃取后，通过硅胶、十八烷基硅醚、葡聚糖凝胶、HPLC 等色谱分离手段，分别从石油醚溶解部分和乙酸乙酯溶解部分获得尿苷、腺苷等苷类化合物。

八、非肽含氮类

人体含有的蛋白质以外的含氮物质主要包括尿素、尿酸、肌酸、肌酐、氨基酸、氨、肽、胆红素等，这些物质总称为非蛋白含氮化合物，所含的氮则称为非蛋白氮（non-protein-nitrogen，NPN），正常成人血液中 NPN 含量为 143~250mmol/L，这些化合物中绝大多数为蛋白质和核酸分解代谢的最终产物，可经血液运输到肾，随尿排出体外。自然界中的非肽含氮类化合物包括酰胺类（头孢菌素类、皮群海葵毒素、精脒、鱼鳃、箱鲀毒素、黏盲鳗素）、胍类（河鲀毒素、石房蛤毒素）、吡喃类（草苔虫素、软海绵素）、吡啶类（龙虾肌碱、蜂海绵毒素）、嘧啶类（阿糖胞苷）、吡嗪类（海萤荧光素）、哌啶类（三丙酮胺）、吲哚类（乌鱼墨）、苯并咪唑类（骨螺素）、苯并唑啉类（老鼠勒）、嘌呤类（6- 硫代鸟嘌呤）、喹啉类（喹啉酮）、异喹啉类、碟呤类（骏河毒素）、咔啉类（蕈状海鞘素）、核酸类（鱼精蛋白）、沙蚕毒素等。

九、酶类

与其他生物体相似，海藻含有多种酶。李宪璀等（李宪璀，2002）的研究结果显示，海藻中提取的葡萄糖苷酶抑制剂不仅能调节体内糖代谢，还具有抗HIV和抗病毒感染的作用，对治疗糖尿病及其并发症、控制艾滋病的传染等具有重要作用。

十、色素类

海藻含有多种色素类化合物，其中类胡萝卜素是五碳异戊二烯在酶催化下聚合后得到的一种天然色素，是一种含40个碳的高度共轭的结构。类胡萝卜素存在于所有植物，而动物缺少内生合成类胡萝卜素的能力，只能从食物中摄取。作为一种抗氧化剂和维生素A的前体，类胡萝卜素具有抗肿瘤、抗衰老、抗心血管疾病等特性。

以微藻生产β-胡萝卜素、虾青素等产品目前发展迅速，主要原因是其在微藻中的含量比较高。β-胡萝卜素具有很高的生物活性，其在海藻中的含量受海藻种类以及光强度、硝酸盐浓度、盐浓度等生长环境的影响。杜氏盐藻中的β-胡萝卜素含量是所有真核生物中最高的（El Baz,2002）。从杜氏盐藻中制备的β-胡萝卜素目前以多种形式销售，如含量为1.5%~30%的精油、微藻干粉或含5% β-胡萝卜素的胶囊或药片。

虾青素是水生生物中常见的一种红色色素，存在于微藻、海草、虾、龙虾、三文鱼等动植物中。虾青素的抗氧化活性是β-胡萝卜素、叶黄素等其他类胡萝卜素的10倍以上（Miki，1991），具有抗肿瘤、提高免疫力、紫外保护等功效（Guerin，2003）。虾青素优良的保健功效及其颜色特征使其在保健品、化妆品、功能食品等领域有重要的应用价值。图1-5所示为几种色素类物质的化学结构。

十一、多酚类

海藻含有丰富的多酚类化合物，其中褐藻多酚是从褐藻中提取出的一类酚类化合物，是间苯三酚衍生物。褐藻多酚具有抗氧化、抗菌、抗病毒、抗肿瘤、抗心血管疾病、抗糖尿病综合征、保护肝脏以及抑制透明质酸酶、赖氨酸酶等广泛的生物活性。

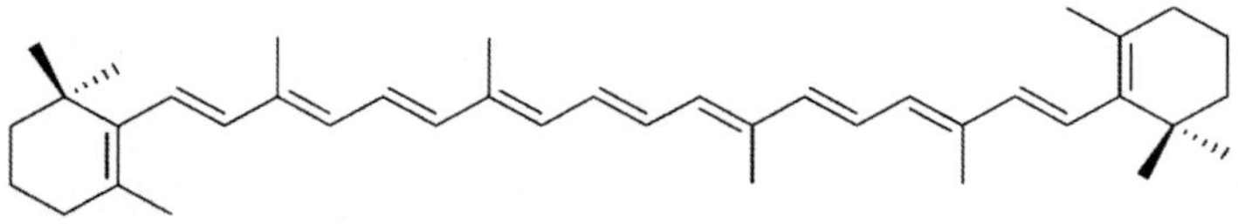

(1)β-胡萝卜素

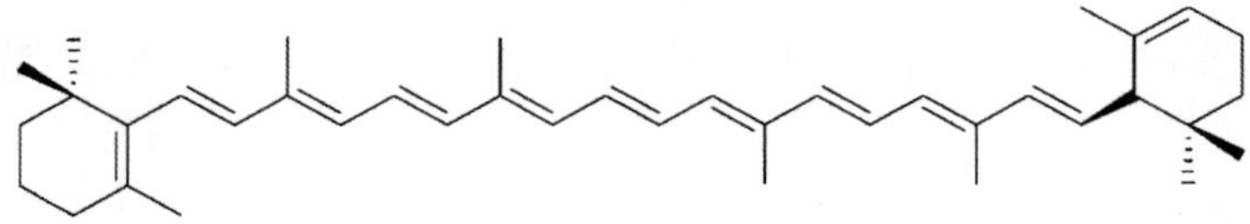

(2)α-胡萝卜素

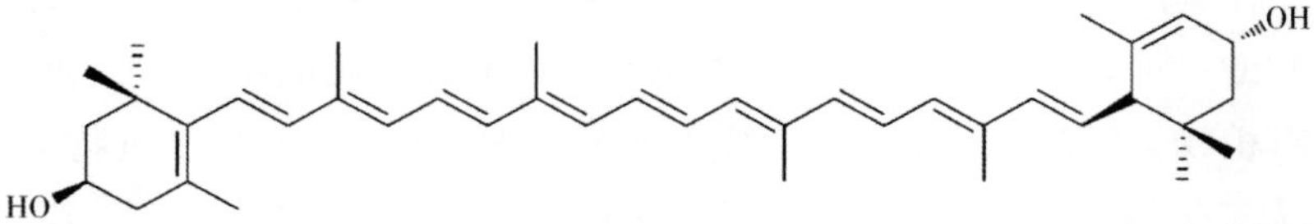

(3)叶黄素

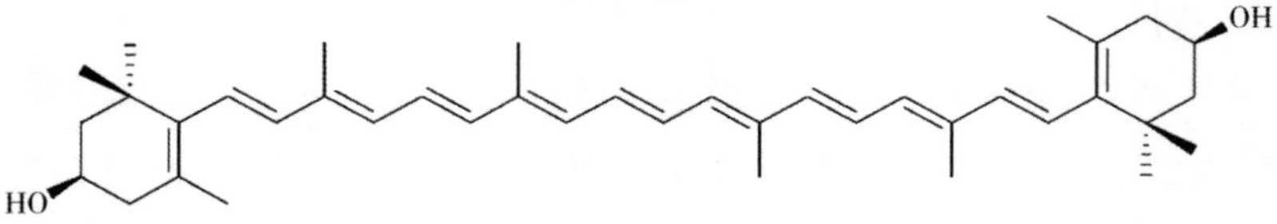

(4)玉米黄素

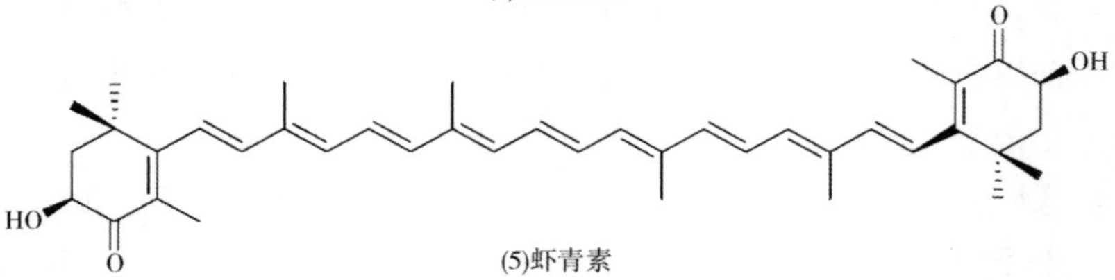

(5)虾青素

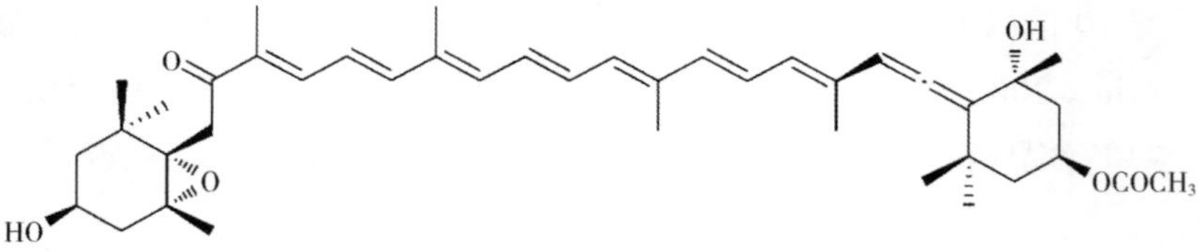

(6)岩藻黄素

图1-5　几种色素类物质的化学结构

（1）β-胡萝卜素（β-carotene）（2）α-胡萝卜素（α-carotene）（3）叶黄素（lutein）（4）玉米黄素（zexanthin）（5）虾青素（astaxanthin）（6）岩藻黄素（fucoxanthin）

第四节　海藻活性物质的开发

海藻中丰富的生物活性物质在健康领域有重要的应用价值。我国古代对海藻的食用和药用价值有大量记载，《本草纲目》《本草经集注》《本草拾遗》《海药本草》等古代书籍均记载了海藻对多种疾病的疗效。海藻具有清热、软坚散结、消肿止痛、利水等功效。世界各地科研人员长期以来利用各种先进技术开发海藻资源，早在 1811 年法国科学家 Courtois 就在海藻中发现了碘，1837 年爱尔兰人在红藻中发现了卡拉胶。在对各种海藻的开发利用中发展出了很多种类的海藻生物制品，在功能食品、化妆品、生物医用材料、绿色农业等领域产生很高的应用价值，形成一个独特的绿色、环保、可再生产业链（Chandini，2008；Wijesinghe，2011）。表 1-2 总结了几种主要海藻活性物质的发现时间。

表1-2　几种主要海藻活性物质的发现时间（纪明侯，1997）

海藻活性物质	发现时间	发现者
碘	1811	法国人Courtois
卡拉胶	1837	爱尔兰人
甘露醇	1844	英国人Stenhouse
海藻酸	1881	英国人Stanford
海带淀粉	1885	德国人Schmiedeberg
岩藻多糖	1913	瑞典人Kylin

世界各地海藻的种类繁多，海洋生态环境很不相同，因此各种海藻含有的活性物质成分在组成、含量、活性上有很大的区别。对海藻活性物质进行开发利用首先要对活性物质进行筛选。传统的筛选方法是利用实验动物或其组织器官对某种化合物或混合物进行逐一试验，该方法速度慢、效率低、费用高。近年来，随着科学技术的发展，活性物质筛选逐步趋向系统化，特别是分子生物学技术的发展使其有了很大的改进。其次，需要对海藻活性物质生源材料（提取海藻活性物质的海藻生物质）进行培养。在这方面，我国已经拥有全球领先的人工养殖海藻技术。第三，需要开发海藻活性物质的分离纯化技术和产品制备技术。近年来，许多高新技术已经成功应用于海藻活性物质的提取、分离、

纯化、改性和产品制备中（徐秀丽，2004）。

目前，围绕海藻活性物质的研究开发主要有以下几个方面的工作。

一、海藻活性物质生源材料及其培养

获得丰富的生源材料是开发海藻活性物质的基础。由于大多数活性物质在海藻生物体内的含量很微少，用现有的海藻生物作为开发资源是相当困难的，而且大部分海藻活性物质结构比较复杂，难以进行全人工合成，因此，富含活性物质的海藻生源材料的大规模培养就成了关键问题之一。解决这个问题的一个方法是利用生物技术培养生源材料。另一个方法是通过人工栽培或养殖富含活性物质的海洋生物。目前，国际上对生物技术在海洋生物活性物质研究和开发中应用研究得最多的是基因工程，即通过分离、克隆活性物质的基因，转入高效、廉价表达系统进行生产，以获得大量高质量的产物。在医药研究领域，基因工程多肽和蛋白质类药物、单克隆抗体及新型诊断试剂的研究和开发，是现代生物技术影响最大、效益最好、发展最快的领域。

研究表明，海洋生物活性物质的初始来源大部分甚至全部来自海洋微藻和微生物等低等海洋生物，其中部分藻类中含有较多的特殊活性物质。对富含活性物质的海洋微生物进行发酵培养可以获得大量的产物。目前，对海洋微生物发酵生产活性物质的研究较多的有河鲀毒素、高度不饱和脂肪酸等，如日本用海洋微生物发酵生产河鲀毒素的产业化前景已经明朗。利用生物反应器培养微藻后提取海洋生物活性物质也是当今一个研究热点。广义上讲，用敞开的水池培养微藻是一种生物反应器技术，但其效率比较低。利用封闭的光生物反应器培养微藻可实现海藻活性物质的大规模工业化生产。目前已经有科研人员从耐寒、耐高温、耐高压、耐高盐度的海洋微生物中，分离出一些特殊的酶类，如对热稳定的聚合酶、在组织培养中有分散细胞作用的胶原酶、能催化卤素进入代谢产物的卤素过氧化物酶等。日本研究者已经建立了一种诱导微藻大量生产超氧化物歧化酶的方法，可用于医药、化妆品和食品方面。

酶工程的发展为工业技术的进步作出了巨大贡献，同时酶制剂本身也形成了巨大的市场。由于新药开发及制药新技术的需要，特殊用酶迅速增加，成为酶技术开发中的重点。生活在极端环境下的海洋微生物和微藻体内含有丰富的极端酶，已成为生物技术的重要研究领域，不仅可提供工业特殊用酶，也为获得新的生物活性物质提供了极好的生物资源库。

目前，我国在利用基因工程技术开发海洋蛋白类药物方面已经取得了一定的进展，开发出了别藻蓝蛋白、海葵毒素、鲨鱼软骨蛋白、芋螺毒素、降钙素等海洋活性物质及其药用基因克隆与表达技术，已形成了一定的优势。海洋微藻光生物反应器技术、海洋微生物活性物质的筛选和发酵培养、细胞工程技术应用于开发海洋生物活性物质等研究工作都已经启动。

二、海藻活性物质的分离纯化技术

海藻活性物质的最终价值体现在其投放市场后产生的医疗、保健、营养、美容等健康功效，其前提是应用先进的分离、纯化及产品制备技术，从各种海藻中提取出高质量、高纯度的海藻活性成分。这个重要的研究领域近年来发展出许多新的先进技术，如超临界流体萃取、双液相萃取、灌注层析、分子蒸馏、膜分离等现代分离技术。超临界流体萃取技术已用于海洋生物中脂类和高度不饱和脂肪酸的分离提取，分子蒸馏技术已经在海洋鱼油制品的生产中得到应用。这些技术的应用使我国在海洋生物制品产业取得很大进步，近十几年来已经有一大批海洋药物和海洋保健食品投放市场，如溴海兔毒素、头孢菌素、玉足海参素渗透剂、鱼油胶囊、胡萝卜素等，这些产品都是通过对海洋生物中天然存在的活性物质进行提取、分离、纯化后得到的。

三、海藻活性物质制品的研究和开发

海藻活性物质独特的结构、理化性能和医药保健功效赋予了这类物质及其制品很高的商业价值，引起世界各国的重视。美国、日本、欧盟国家在海洋药物这一重要领域每年有巨额的研发投入，国外制药集团每年也有大量的研发经费用于从海洋生物中发现新的单体，其中包括从种类繁多的海洋藻类植物中提取新的化合物。与此同时，随着大健康产业的快速发展，从海藻中提取出的各种海藻活性物质在越来越多的行业中得到了应用，产生巨大的经济、社会和环保效益。

第五节　海藻活性物质的综合应用

图 1-6 是海藻生物资源综合应用示意图。通过化学、物理、生物等多种技术的应用，海藻生物资源在经过提取、分离、纯化、改性等加工制备过程后，可获得海藻胶、碘、甘露醇、岩藻多糖、岩藻黄素、褐藻多酚等各种海藻活性物质，以及功能食品、保健品、化妆品、生物医用材料、海洋药物、海藻肥等种类繁多的海藻生物制品（Kim，2015；董彩娥，2015）。表 1-3 所示为 2004

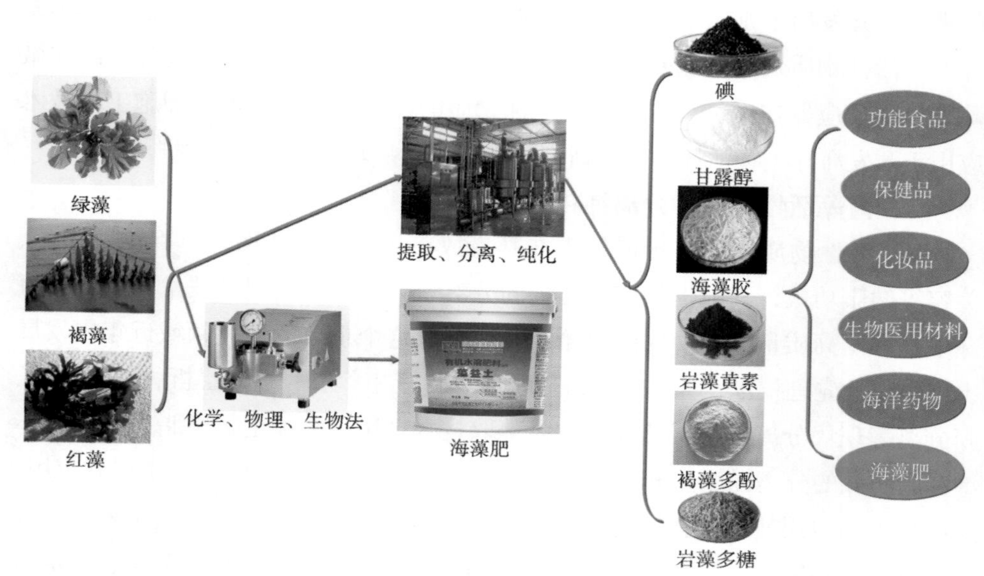

图1-6　海藻生物资源综合应用示意图

年世界海藻加工业的主要产品种类及其销售额。

表1-3　2004年世界海藻加工业的主要产品种类及其销售额（Craigie，2011）

产品种类	销售额（百万美元）
海洋蔬菜	5290
海藻胶（海藻酸盐、卡拉胶、琼胶）	650
海藻营养补充剂	53
土壤添加剂	30
农用化学品	10
饲料	10
其他	3
总额	5993

一、海藻胶

海藻胶是整个海藻加工业的代表性产品，其中典型的产品是海藻酸盐、卡拉胶和琼胶。美国、英国、法国、挪威等欧美国家早在100年以前就开始工业化生产海藻胶并开发出了一系列应用技术和产品。我国的海藻胶工业已经有50多年的发展历史，目前我国在生产规模和产品种类上都已经进入海藻工业大国之列。海藻胶具有许多优良的使用功效，作为增稠剂、凝胶剂、乳化剂、保湿剂、缓释剂、成膜材料广泛应用于食品、药品、化工、纺织印染等众多领域。表 1-4 所示为 1999 年和 2009 年世界海藻胶的销售量（Bixler，2011）。

表1-4　1999年和2009年世界海藻胶销售量

海藻胶种类	销售量/t	
	1999年	2009年
海藻酸盐	23000	26500
卡拉胶	42000	50000
琼胶	7500	9600
总数	72500	86100

二、海藻制碘、甘露醇、岩藻多糖、岩藻黄素、褐藻多酚

我国是一个碘资源严重缺乏的国家，目前海带是我国唯一的碘源。我国有 4.25 亿人缺碘，占世界受碘缺乏威胁总人口数量的 40%。缺碘对民族素质的提高是一个严重障碍。海带的碘含量约占其干重的 0.3%，有“食品碘库”之称，是食品中碘的主要来源。我国在 20 世纪 60 年代发展出了海带制碘技术并成功实现产业化，海带提供的碘源在医药、农业、染料、合成橡胶、国防及尖端技术等方面有广泛的用途。

在褐藻加工行业，甘露醇与海藻酸盐、碘一起被称为“老三样”，是海藻化工的传统产品。近年来，岩藻多糖、岩藻黄素和褐藻多酚的优良保健功效在大健康、美容化妆品等领域受到广泛关注，成为褐藻化工领域的“新三样”。

三、海藻基功能食品

海藻富含各种营养成分，特别是不同于一般陆生植物的特殊成分。除了传统上食用海藻制品的中国、日本、韩国和东南亚国家地区的人民对海藻青睐有加，海藻独特的风味和营养价值越来越引起欧洲、北美地区发达国家消费者的青睐。海藻作为一种具有保健、绿色、低热量、低脂特色的海洋食品日益风靡世界，人们公认食用海藻具有预防肥胖、胆结石、便秘、肠胃病等代谢性疾病以及具有降血脂、降胆固醇的功能。日本和韩国民众食用海藻已近乎到了痴迷的程度，日本人海藻食用量约占其食物总量的 10%。

海藻食品加工可分为简单加工和深加工，或者叫直接加工和间接加工两种

类型。直接加工过程选取紫菜、海带、裙带菜、羊栖菜、麒麟菜、浒苔、红毛菜、鸡冠菜等可直接食用的海藻，经过净化、软化、熟化、杀菌、脱水、制形、干燥等工艺加工成海藻丝、卷、饼、末、粉，或辅以调味佐料制成复合型食品。这些简单加工的海藻食品产量很大、种类繁多，在日本就有200多种制型多样、包装精美的产品，深受人们喜爱。

间接加工食品是以海藻为原料提取其中的有效成分，或以海藻的简单加工品作为添加剂做成的食品。这类产品大多属于具有疗效的保健食品，这个海藻食品方向是当今海藻食品研究开发的新方向，可利用海藻中多糖类、纤维质、脂肪酸、矿物质、微量元素、维生素的药理特点，开发具有减肥和降压、健胃作用的海藻茶、海藻饮料、海藻酒、海藻豆腐、海藻糖果、海藻糕点、海藻面包、海藻挂面、海藻色拉、海藻罐头等海藻健康食品。

四、海藻基保健和药用制品

海藻具有多种药理功能，其保健和药用性能很久以前就被认识到了，世界各地均有将海藻直接作为配药原料的历史，其中我国以海藻作为中药配方治病的历史最为悠久。目前，国内外有关专家的研究已经证实，海藻不仅可以降低血脂和胆固醇、治疗脂肪肝，还有消除和抑制脂肪生成等减肥效果。从海藻中提取有效生物活性物质制备保健和特效药物是当今海藻药用研究的主要内容，包括以下几方面内容。

（1）提取海带、马尾藻、裙带菜等褐藻类海藻中的碘酪氨酸等活性碘化合物，可以制备各种防治碘缺乏病、预防小儿痴呆、发育迟缓以及地甲病等的含碘制剂。我国在20世纪90年代已成功研制“海藻碘片”“海藻含碘制剂”“海藻碘晶”等产品。

（2）岩藻多糖活性聚合物及褐藻淀粉硫酸酯钠的药理应用。20世纪70年代，日本、挪威等国家已利用这些活性聚合物制成了抗癌药物和降血脂、降胆固醇和血液澄清剂等特效药物。我国对岩藻多糖的药理功能和应用开展了大量的研究，证明其疗效显著，有很高的推广价值。

（3）海藻酸及其酯类衍生物的药物制备。我国在这方面的研究处于世界领先水平，已成功让藻酸双酯钠、甘糖酯等褐藻多糖衍生物药物制剂投入商业化生产，临床应用结果证明这些药物对脑血栓、降血脂、胆固醇等心血管疾病有良好疗效。

（4）红藻多糖衍生物制剂。根据琼胶、卡拉胶等红藻多糖对身体无害又不能被消化的特性，美国和欧洲国家很早以前就用琼胶处理外伤绷带，使绷带具有抗凝聚作用，并能促进细菌和白血球的吸收并且不妨碍皮肤的呼吸。琼胶和卡拉胶已被证明是治疗便秘的良药，这两种多糖的吸收和泌水性可促进腹腔蠕动，起到整肠健胃的作用。用琼胶和卡拉胶作药基可制备各种内服药剂，既无任何刺激性又能使药物发挥应有功效，如带有碱基的药物与卡拉胶的硫酸基结合成盐可以在体内水解释放，对防治胃溃疡有很好的疗效。以琼胶和卡拉胶作药剂，做成抗凝血药，其血凝性比肝素更好。

（5）海藻不饱和脂肪酸制品。海藻的脂肪酸含量虽然不高，但它所含有的十八碳四烯酸、二十碳四烯酸（AA）、二十五碳五烯酸（EPA）、二十二碳六烯酸（DHA）等不饱和脂肪酸是陆生植物所没有的。这些高度不饱和脂肪酸具有生理活性，对肾功能调解、免疫反应的调节、激素分泌的调节以及视功能和心脏电活性的调节等方面都非常有效。紫菜中的二十碳五烯酸含量占其总脂肪酸总量的 50% 左右，有很好的保健功效。

五、海藻饲料添加剂

海藻可以直接用作畜禽动物饲料或掺入基础饲料中，作为营养添加剂，这一产品系列的研究开发始于 20 世纪 50 年代。海藻能提供丰富的碘化物、矿物元素、维生素以及激素等成分，是很好的营养源。目前，全世界海藻粉产量达 50000t，其中挪威有 20000t，是世界上最大的海藻饲料生产国。挪威对海藻饲料的研究开发历史较长，做过多年大规模喂养动物的实验，充分验证了海藻作为饲料可以加快动物生长发育、防治体内寄生虫和病毒、改善动物肉类品质、蛋乳质量等功效。我国在 20 世纪 80 年代也对海藻饲料的生理功效进行全面系统的研究试验，得到的结果与国外结果完全相符。

在优质饲料蛋白源缺乏的形势下，微藻作为潜在的优质饲料蛋白源引起了科技工作者和行业从业者越来越多的重视，螺旋藻的蛋白质含量高达 60.0%~70.0%，小球藻的蛋白质含量可达 62.5%。微藻所含的维生素 A、维生素 C、维生素 E、硫胺素、核黄素、吡哆醇、生物素、肌醇、叶酸、泛酸钙、烟酸等多种营养物质可有效提升其作为饲料蛋白源的价值。微藻中能规模化培养并应用于畜禽、水产动物养殖的饵料微藻有绿藻门的亚心形扁藻、盐藻、小球藻、雨生红球藻、微绿球藻，硅藻门的三角褐指藻、小新月菱形藻、牟氏角毛藻、中肋骨条藻，金藻门的等鞭藻、绿色巴夫藻，黄藻门的异胶藻，蓝藻门的鱼腥藻、螺旋藻等，其中小球藻和螺旋藻是应用最广、研究最多的 2 种常用微藻。大型海藻也可用作饲料，常用的包括褐藻门的海带、裙带菜，红藻门的紫菜，绿藻门的浒苔等。随着我国畜禽、水产养殖业的发展，饲料资源日益紧张，缓解这种紧张局势的一条有效途径是开发利用藻类。

六、海藻基化妆品

与其他器官不同，人体皮肤直接与外部环境接触，因此更容易受环境影响而衰老。过度暴晒及受到光损害的皮肤会呈现出粗糙的表皮结构、深的皱纹以及不规则的色泽（Jenkins，2002）。自由基可以激活基质金属蛋白酶，使胶原蛋白降解，导致皮肤更容易起皱纹。这一连串的反应可以由紫外光照、吸烟、暴露在污染的空气中等情况引起，其最好的修复方法是给干燥的皮肤提供水分和营养成分（Reszko，2009）。

在化妆品领域，面霜、乳液、膏油、面膜等产品中的活性成分与皮肤相互作用，起到美容、保健作用。随着消费者对安全性和功效要求的不断提高，化妆品中的活性成分正在从合成材料向更不易产生副作用的天然材料转变。在应用于化妆品的各种植物提取物中，海藻包含的生物活性物质受到美容行业的重视（Heo，2009；Heo；2008；Heo；2009；Heo；2010）。如图 1-7 所示，海藻活性物质具有优良的保湿、抗衰老、保护细胞、抗氧化、抗过敏等生物活性，在化妆品领域有很高的应用价值。

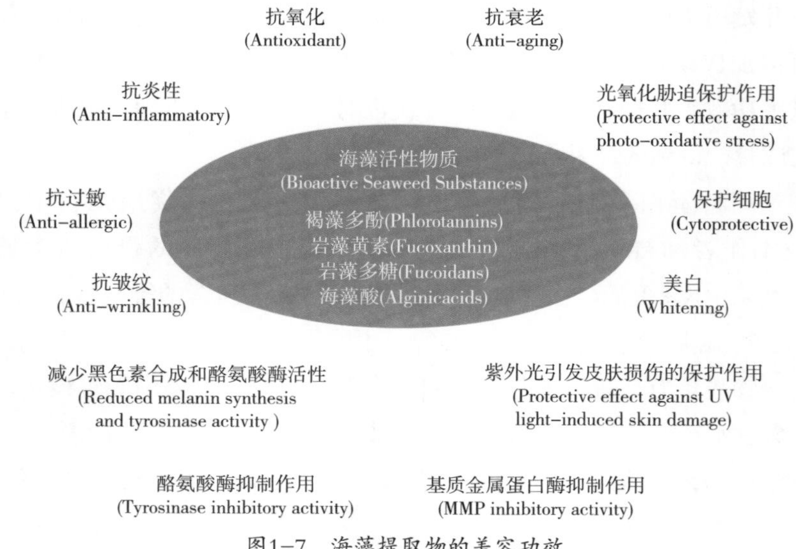

图1-7　海藻提取物的美容功效

七、海藻基生物医用材料

海洋生物医用材料源于海洋中的各种动物和植物，具有独特的生物相容性、生物可降解性、亲水性等优异性能，在与先进的提取、分离、纯化、材料加工技术结合后可以为医疗卫生领域带来绿色、健康、可持续发展的医用新材料，使海洋生物资源造福人类健康。将从海藻中提取出的海藻酸制备成海藻酸盐纤维和医用敷料，这些在伤口护理中有广泛应用。1962 年，英国伦敦大学的 Winter 博士在《自然》杂志上发表了《痂的形成和小猪表皮创面的上皮化速度》。在此论文中，研究显示湿润状态可以促进创面愈合（Winter，1962）。在湿润愈合理论的指导下，现代伤口敷料的研发、生产和应用发生了革命性的变化。20 世纪 80 年代，英国的医用敷料行业首先在世界上推广由海藻酸钙纤维制成的医用敷料。1981 年，英国 Courtaulds 公司首次把海藻酸钙纤维的非织造布作为医用敷料引入“湿法疗法”市场，很快这种医用敷料在护理脓血较多的慢性溃疡伤口方面得到广泛应用，在临床中取得很好的效果。英国 Advanced Medical Solutions 公司在 20 世纪 90 年代发明了一系列以海藻酸盐纤维为主体的新型医用敷料，在纤维中加入羧甲基纤维素钠、维生素、芦荟等许多对伤口愈合有益的材料，进一步改善了产品的性能（秦益民，2018）。

进入 21 世纪，面向中国正在崛起的功能性医用敷料市场，青岛明月生物医用材料有限公司抢抓机遇，开发出了一系列具有吸液力更强、不粘连伤口、凝胶止血快、换药无疼痛、促进伤口愈合、有效避免感染、无毒副作用、不污染环境的海藻酸盐医用敷料，利用海洋资源，造福人类健康。图 1-8 所示为海藻酸盐医用敷料在创面上形成湿润凝胶的效果图（秦益民，2017）。

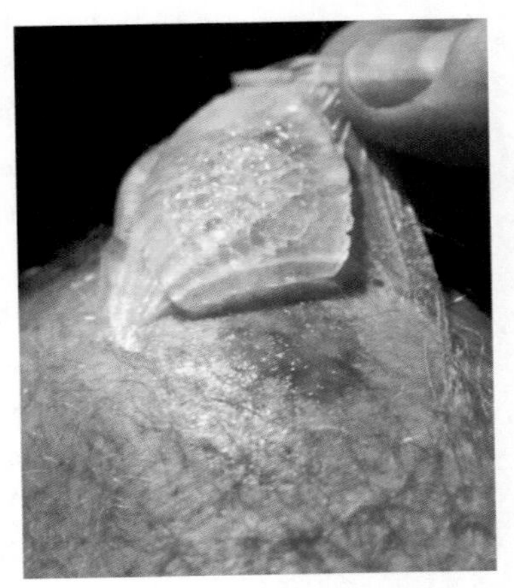

图1-8　海藻酸盐医用敷料在创面上形成湿润的凝胶

八、海藻类肥料

海藻及海藻提取物富含多种植物生长促进因子，作为植物生长调节剂已经被广泛应用于农业生产领域。与化学肥料相比，海藻生物肥料具有安全无毒、全面高效、环境友好等优势，已成为肥料制造领域的热门产品（王明鹏，2015）。海藻的氮、磷含量较少，但钾等无机元素的含量却超常丰富，大多数速生大型海藻还含有生长激素，如生长素、细胞分裂素等活性物质。英国、挪威、南非等国家的农学家们在世界上最早选用大型速生海藻提取并浓缩其有效成分，制成肥效很高的海藻类肥料。将其施用于谷物、水果、蔬菜、花卉等作物后，对促进作物生长、改进果实质量等效果极佳，对增强作物抗寒性、抑制病虫害也有独特效能（严国富，2014）。

第六节　小结

海藻是海洋中规模最大的生物资源，含有丰富的生物活性物质，其营养、药理等生物活性在功能食品、保健品、药物制剂、化妆品、生物医用材料、生态肥料等领域有很高的应用价值。海藻活性物质的生物相容性、安全性、亲水性等特性上具有很多陆地产物和合成产物不具备的独特性能。随着海水养殖技术的发展以及新的提取技术的进步，海藻活性物质将具有更加广泛的绿色、可持续发展前景。

参考文献

[1] Ackman R. G. Origin of marine fatty acids. Analysis of the fatty acids produced by the diatom *Skeletonema costatum*[J]. J. Fish. Res. Bd. Can., 1964, 21: 747-756.

[2] Adolph S. Wound closure in the invasive green alga *Caulerpa taxifolia* by enzymatic activation of a protein cross-linker[J]. Angew. Chem. Int. Ed., 2005, 44: 2806-2808.

[3] Amsler C D & Fairhead V A. Defensive and sensory chemical ecology of brown algae[J]. Adv. Bot. Res., 2005, 43: 1-91.

[4] Barbosa J P. A dolabellane diterpene from the Brazilian brown alga *Dictyota pfaffii*[J]. Biochem. Syst. Ecol., 2003, 31: 1451-1453.

[5] Barbosa J P. A dolabellane diteprene from the brown alga *Dictyota pfaffii* as chemical defense against herbivores[J]. Bot. Mar., 2004, 47: 147-151.

[6] Bixler H J, Porse H. A decade of change in the seaweed hydrocolloids industry[J]. J. Appl. Phycol., 2011, 23: 321-335.

[7] Bold H C. Morphology of Plants, 2nd ed[M]. London: Harper & Row, 1967: 541.

[8] Chandini S K, Ganesa P, Bhaskar N. In vitro antioxidant activities of three selected seaweeds of India[J]. Food Chem., 2008, 107: 707-713.

[9] Chapman V J, Chapman D J. Seaweeds and Their Uses, 3rd ed[M]. London: Chapman and Hall, 1980.

[10] Chen F, Jiang Y. Algae and Their Biotechnological Potential[M]. London: Kluwer, 2001.

[11] Craigie J S. Seaweed extract stimuli in plant science and agriculture [J]. J. Appl. Phycol., 2011, 23: 371-393.

[12] Delaunay F. The effect of mono specific algal diets on growth and fatty acid composition of *Pectenmaximus* (L.) larvae [J]. J. Exp. Mar. Biol. Ecol., 1993, 173: 163-179.

[13] Dillehay T D, Ramirez C, Pino M, et al. Monte Verde: seaweed, food, medicine, and the peopling of South America [J]. Science, 2008, 320: 784-789.

[14] El Baz F K. Accumulation of antioxidant vitamins in *Dunaliella salina* [J]. J. Biol. Sci., 2002, 2: 220-223.

[15] FAO. Fishery and Aquaculture Statistics 2014 [M]. Rome: FAO, 2016.

[16] Funk C D. Prostaglandins and leukotrienes: advances in eicosanoids biology [J]. Science, 2001, 294: 1871-1875.

[17] Fusetani N. Biofouling and antifouling [J]. Nat. Prod. Rep., 2004, 21: 94-104.

[18] Gill I & Valivety R. Polyunsaturated fatty acids: Part 1. Occurrence, biological activities and application [J]. Trends Biotechnol, 1997, 15: 401-409.

[19] Guerin M. Haematococcus astaxanthin: applications for human health and nutrition [J]. Trends Biotechnol, 2003, 21: 210-216.

[20] Heo S J, Jeon Y J. Protective effect of fucoxanthin isolated from *S. siliquastrum* on UV-B induced cell damage [J]. J. Photoch. Photobiol. B., 2009, 95: 101-107.

[21] Heo S J, Ko S C, Kang S M, et al. Cytoprotective effect of fucoxanthin isolated from brown algae S. siliquastrum against H_2O_2-induced cell damage [J]. Eur. Food Technol., 2008, 228Z: 145-151.

[22] Heo S J, Ko S C, Cha S H, et al. Effect of phlorotannins isolated from *E. cava* on melanogenesis and their protective effect against photo-oxidative stress induced by UV-B radiation [J]. Toxicol In Vitro, 2009, 23: 1123-1130.

[23] Heo S J, Ko S C, Kang S M, et al. Inhibitory effect against UV-B radiation-induced cell damage [J]. Food Chem. Toxicol, 2010, 48: 1355-1361.

[24] Kim S K, ed. Handbook of Marine Biotechnology [M]. New York: Springer, 2015.

[25] Jenkins G. Molecular mechanisms of skin aging [J]. Mech. Ageing Dev., 2002, 123: 801-810.

[26] La Barre S L. Monitoring defensive responses in macroalgae limitations and perspectives [J]. Phytochem. Rev., 2004, 3: 371-379.

[27] Lembi C, Waaland J R. Algae and Human Affairs [M]. New York: Cambridge University Press, 1988.

[28] Miki W. Biological functions and activities of animal carotenoids [J]. Pure

Appl. Chem., 1991, 63: 141-146.

[29] Newton L. Seaweed Utilization[m] . London: Sampson Low, 1951: 188.

[30] Ohr L M. Riding the nutraceuticals wave[J] . Food Technol, 2005, 59: 95-96.

[31] Paul V J. Marine chemical ecology[J] . Nat. Prod. Rep., 2006, 23: 153-180.

[32] Potin P. Oligosaccharide recognition signals and defense reactions in marine plant-microbe interactions[J] . Curr. Opin. Microbiol., 1999, 2: 276-283.

[33] Rasmussen R S & Morrissey M T. Marine biotechnology for production of food ingredients[J] . Adv. Food Nutr. Res., 2007, 52: 237-292.

[34] Reszko A E, Berson D, Lupo M P. Cosmeceuticals: practical applications[J] . Dermatol. Clin., 2009, 27: 401-416.

[35] Sayanova O V & Napier J A. Eicosapentaenoic acid: biosynthetic routs and the potential for synthesis in transgenic plants [J] . Phytochemistry, 2004, 65: 147-158.

[36] Shibata T. Inhibitory activity of brown algal phlorotannins against glycosidases from the viscera of the turban shell Turbo cornotus[J] . Eur. J. Phycol., 2002, 37: 493-500.

[37] Soares A R. Variation on diterpene production by the Brazilian alga *Stypopodium zonale* (Dictyotales, Phaeophyta)[J] . Biochem. Syst. Ecol., 2003, 31: 1347-1350.

[38] Smit A J. Medicinal and pharmaceutical uses of seaweed natural products: a review[J] . J. Appl. Phycol., 2004, 16: 245-262.

[39] Tseng C K. Algal biotechnology industries and research activities in China[J]. J. Appl. Phycol., 2001, 13: 375-380.

[40] Tseng C K. Commercial cultivation. In: Lobban C S, Wynne M J (eds) The Biology of Seaweeds [M] . Berkeley: University of California Press, 1981: 680-725.

[41] Wijesinghe W A J P, Jeon Y J. Biological activities and potential cosmeceutical applications of bioactive components from brown seaweeds: a review [J] . Phytochem. Rev., 2011, 10: 431-443.

[42] Winter G D. Formation of scab and the rate of epithelialization of superficial wounds in the skin of the young domestic pig [J] . Nature, 1962, 193: 293-294.

[43] 蔡福龙，邵宗泽. 海洋生物活性物质——潜力与开发 [M] . 北京：化学工业出版社，2014.

[44] 张国防，秦益民，姜进举. 海藻的故事 [M] . 北京：知识出版社，2016.

[45] 张明辉. 海洋生物活性物质的研究进展 [J] . 水产科技情报，2007，34（5）：201-205.

[46] 康伟. 海洋生物活性物质发展研究 [J] . 亚太传统医药，2014，10（3）：47-48.

[47] 史大永，李敬，郭书举，等. 5种南海海藻醇提取物活性初步研究［J］. 海洋科学，2009，33（12）：40-43.
[48] 刘莺，刘新，牛筛龙. 海洋生物活性多糖的研究进展［J］. Herald of Medicine，2006，25（10）：1044-1046.
[49] 林英庭，朱风华，徐坤，等. 青岛海域浒苔营养成分分析与评价［J］. 饲料工业，2009，30（3）：46-49.
[50] 荣辉，林祥志. 海藻非蛋白质氨基酸的研究进展［J］. 氨基酸和生物资源，2013，35（3）：52-57.
[51] 徐忠明. 羊栖菜中萜类成分的提取与纯化方法研究［D］. 浙江工商大学学位论文，2015.
[52] 史大永，贺娟，许凤，等.凹顶藻属海藻化学成分研究进展［J］. 海洋科学，2007，31（4）：81-91.
[53] 苏镜娱，曾陇梅，彭唐生，等. 南中国海海洋萜类的研究［C］. 1998年中国第五届海洋湖沼药物学术开发研讨会，1-4.
[54] 卢慧明，谢海辉，杨宇峰，等. 大型海藻龙须菜的化学成分研究［J］. 热带亚热带植物学报，2011，19（2）：166-170.
[55] 李宪璀，范晓，韩丽君，等. 海藻提取物中α-葡萄糖苷酶抑制剂的初步筛选［J］. 中国海洋药物，2002，86（2）：8-11.
[56] 纪明侯.海藻化学［M］.北京：科学出版社，1997.
[57] 徐秀丽，范晓，宋福行. 中国经济海藻提取物生物活性［J］. 海洋与湖沼，2004，35（1）：55-63.
[58] 董彩娥. 海藻研究和成果应用综述［J］. 安徽农业科学，2015，43（14）：1-4.
[59] 秦益民. 海藻酸盐纤维的生物活性和应用功效［J］. 纺织学报，2018，39（4）：175-180.
[60] 秦益民，宁宁，刘春娟，等. 海藻酸盐医用敷料的临床应用［M］. 北京：知识出版社，2017.
[61] 王明鹏，陈蕾，刘正一，等. 海藻生物肥研究进展与展望［J］. 生物技术进展，2015，5（3）：158-163.
[62] 严国富，李三东，汤洁. 不同提取方法获得的海藻活性物质对大豆生长的影响［J］. 现代农业科技，2014，（14）：11-12.

第二章

海藻肥的发展历史

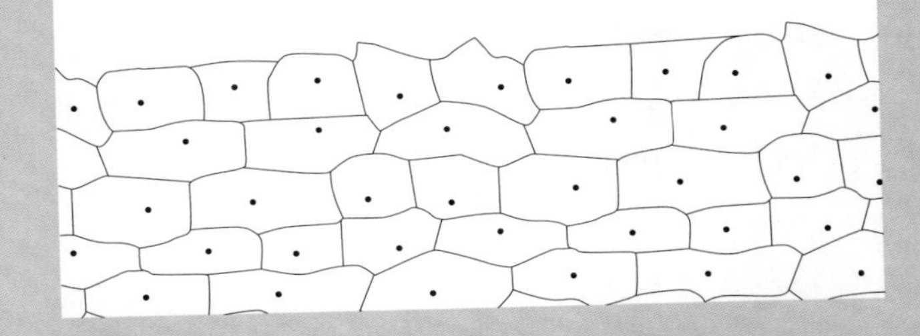

第一节　概述

海藻肥是一种天然有机肥料，含有植物生长所需的、丰富的营养物质。用于制备肥料的海藻一般是大型经济藻类，如泡叶藻（*Ascophyllum*）、海囊藻（*Nereocystis*）、昆布（*Ecklonia*）、巨藻（*Macrocystis*）等。历史上，海藻在农业生产中的应用经历了3个阶段，即腐烂海藻→海藻灰（粉）→海藻提取液。海藻肥中的生物活性物质是从天然海藻中提取的，含有陆生植物无法比拟的K、Ca、Mg、Fe、Zn、I等40余种矿物质元素和丰富的维生素、海藻多糖、高度不饱和脂肪酸以及多种天然植物生长调节剂，具有很高的生物活性，可刺激植物体内非特异性活性因子的产生，调节内源激素的平衡，对农作物具有极强的促生长作用，是一种新型多功能肥料（王明鹏，2015）。海藻肥中的有效成分经过特殊处理后，极易被植物吸收，施用后2~3h即进入植物体内，呈现出很快的传导和吸收速度（汪家铭，2010），不仅能加强作物光合作用，还能提高肥料利用率、增加作物产量、提高产品的品质、增强作物抗寒、抗旱等抗逆性，抗病害能力，促进作物早熟、增加作物坐花坐果率，且其生产成本较低、溶解性好、使用安全，对人畜和自然环境友好、无伤害，是适应现代农业发展的新型绿色环保肥料。

海藻是沿海地区广泛存在的一种生物质资源，自古以来就被人类用于食品、药品等领域。古罗马时代海藻已经被人们应用于农业生产中了，被直接加入土壤，或者作为改良土壤的堆肥（Henderson，2004；Chapman，1980；Lembi，1988）。对海藻肥料最早的记载是公元1世纪后期的罗马人Columella，他建议卷心菜应该在生出第六片叶子的时候移植，其根用海藻覆盖施肥（Newton，1951）。Palladiuszai在4世纪时建议把三月的海藻应用在石榴和香橼树的根上。古代英国人也把海藻加入土壤作为肥料，在不同的地区有的直接把海藻与土壤混合，有的把海藻与稻草、泥炭或其他有机物混合后做肥料，其中一个常用的做法是把海藻堆积在农田里，使其风化后降低其中有毒的硫氢基化合物含量（Milton，1964）。

第二节　海藻肥的起源和发展

到公元 12 世纪中叶，在欧洲的一些沿海国家和地区，特别是法国、英格兰、苏格兰和挪威等国，开始广泛使用海藻肥料。16 世纪的法国、加拿大、日本等国有采集海藻制作堆肥的习惯，大不列颠岛的南威尔士和德国一些地区则用岸边腐烂的海藻或海藻灰种植各种农作物，效果颇佳，产品供不应求。进入 17 世纪，法国政府在沿海地区大力推广使用海藻作为土壤肥料，并明文规定海藻的采集条件、收割时间以及收割海域等，当时法国 Britany（布列塔尼）和 Normandy（诺曼底）沿海几百英里的区域，由于施用了海藻提取物作为肥料，其农作物和蔬菜品质优异，远近闻名，享有“金海岸”的美称，至今仍在流传。

图2-1　爱尔兰人收集海藻用于土豆栽培

在海藻资源非常丰富的爱尔兰，农业生产中曾普遍用海藻作为肥料，在土豆播种时将其混合在土壤中。随着海藻的腐烂，其释放出的活性成分持续给土豆生长提供营养成分，既提高了土豆的产量，也改善了土豆的品质。图 2-1 是爱尔兰人收集海藻用于土豆栽培的场景。

以海藻生物质为原料，通过化学、物理、生物等技术加工后制备的现代海藻肥诞生于英国。1949 年，海藻液体肥作为海藻类肥料的新产品在大不列颠岛问世，开启了海藻肥的新篇章。到 20 世纪八九十年代，海藻肥作为一种天然肥料在欧美发达国家中得到前所未有的重视和发展。在英国、法国、美国、加拿大、澳大利亚、南非、中国等世界各国，海藻肥在农业生产中的应用取得了显著的经济效益、生态效益和社会效益，受到越来越多农户的喜爱（Craigie，2011；

Temple，1988）。

在实际应用中，未经处理的海藻相对于动物粪肥来说，其氮和磷的含量较低，钾、盐分和微量元素的浓度要高一些。褐藻中的海藻酸约占其碳水化合物含量的 1/3，是海藻肥料中主要的土壤调节剂。然而，简单使用海藻堆肥会带来一些问题，比如堆肥的高盐度和过高的沙子含量。在一个海藻堆肥实验中，人们发现这些堆肥需要 10 个月以后才能使用，并且需要定期添加水，以降低盐度，这个过程降低了有益营养素的浓度。尽管如此，当海藻堆肥添加到土壤中后，碳和氮含量以及水的承载能力显著增加，有效提高了作物对水胁迫的抵抗能力（Eyras，1998）。

20 世纪 60 年代以来，许多海藻类肥料新产品被开发出来，其中包括“海藻浓缩物”（SWCs）粉末和液体提取物（Stirk，2006）。这些产品中的活性成分可直接用于作物，并能被作物快速吸收，而海藻堆肥在活性成分释放之前，需要先在土壤中进行分解。海藻浓缩物还克服了高盐分和含沙量的问题，其在农业和园艺作物上的应用是现代农业的一个很好的实践案例。根据植物种类，海藻浓缩物的体积可被稀释 20~500 倍，应用于土壤施肥、叶面喷施或两者的结合（Verkleij，1992；Crouch，1994）。

海藻肥优良的使用功效在世界各地的农业生产实践中都得到证实（陈景明，2005）。科学家们对海藻提取物在水果、蔬菜上的使用效果进行深入研究后发现，施用海藻提取物对大多数蔬菜都能发挥效用，其中黄瓜经施撒海藻提取物后，不但产量增加，而且黄瓜的贮存期从 14d 延长至 21d 以上（范晓，1987）。挪威农业科技人员连续 3 年在萝卜地中进行试验，在沙质土质中每公顷施放 125~250kg 海藻提取物，结果萝卜产量增加，特别是前两年增产相当明显。在布鲁塞尔，将 Maxicrop 海藻精施于土豆、胡萝卜和甜菜等作物上，效果非常理想，尤其是在海藻精中混入螯合铁后，产量提高 18.9% 以上。用海藻提取物的稀溶液喷洒果树后，水果的产量增加非常明显，其中草莓可增产 19%~133%。用 1/400 浓度的海藻精喷洒桃树和黑葡萄，每隔 14d 喷洒一次，使用三次后，作物产量分别提高 12% 和 27%。表 2-1 所示为橘子和菠萝经海藻提取物喷洒前后的产量比较。

海藻肥的生产和应用涉及海藻的采集、加工及在农作物上的应用。100 多年前，为了降低从海边运输海藻作为堆肥的成本，英国人发明了用碱提取海藻肥的工艺（Penkala，1912），但是真正使海藻液体化后制备肥料的实用方法是

1949 年由英国人 Milton 博士发明的（Milton，1952）。根据 Milton 博士的报道（Milton，1964），如果把海藻直接用在土壤中，即便海藻是磨细的，其对植物生长也有一定的抑制作用，直到约 15 周后其对植物增长和种子发芽的抑制作用才会消失。在此期间，随着土壤中微生物的选择性繁殖，土壤中离子氮浓度下降，但总氮量上升。

表2-1　橘子和菠萝经海藻提取物喷洒前后的产量比较

产量（箱/棵果树）	未喷洒	喷洒后	增产/%
橘子	11.30	11.85	4.9
	11.14	11.75	5.5
	9.77	10.60	8.5
菠萝	5.29	5.60	5.9
	7.51	8.48	12.9
	6.72	5.53	12.1
	8.89	9.99	12.4

液体化的海藻肥对植物增长有直接的影响。液体化的海藻肥料中含有部分水解的岩藻多糖，通过其结构中的硫酸酯使 Cu、Co、Mn 和 Fe 维持在水溶状态，N 有所下降，部分 P 被 Mg 沉淀，这种类似腐黑物的液体稀释约 1/500 后应用于农作物，能产生显著的肥效。目前，海藻提取液主要以泡叶藻、海带、极大昆布、马尾藻、海洋巨藻等褐藻为原料加工制备（Gandhiyappan，2001；Rathore，2009；Stirk，1997；Stirk，1996）。

Milton 博士发明现代海藻肥是多种因素结合的结果，其中一个因素是第二次世界大战期间利用海藻制备纤维所取得的进展。当时英国使用的一种主要纤维原料是从印度东北进口的黄麻，到 1944 年亚洲的战争威胁了这种纤维的供应。飞机、工厂和其他潜在目标的伪装需要大量以黄麻为原料制备的网眼布。为了从本地资源中发展纤维，英国政府任命一个由生物化学家 Milton 博士负责的团队以海藻生物质为原料开发纤维材料。这个项目涉及的海藻中含有的海藻酸是英国科学家 E. C. C. Stanford 早在 1881 年发现的，而苏格兰地区有大量的海藻资源，因此，英国在苏格兰建了提取海藻酸的工厂并以此为原料制备了用于网眼布的纤维。但是在英国潮湿的气候下，海藻酸钙或海藻酸铍纤维很快被溶解和生物降解，并且随着第二次世界大战的结束，该项目被终止。Milton 博士随后搬到伯明翰买了一个有大花园和温室的房子，并建了一个小实验室研究如何使海藻液体化后用作肥料。到 1947 年，他成功制备了液体肥料，他的工艺是在碱性条件下高压处理海藻后使其液体化。在此期间，Milton 博士与一个从伦敦过来，同样有养花种菜爱好的会计师 W. A.（Tony）Stephenson 相识，二人在各自的花园里试验了早期的液体肥料。在 1949 年的一个晚上，二人共享了一瓶白兰地酒，Maxicrop 这个海藻肥的名字就此诞生（Stephenson，1974）。

Milton 博士和 Stephenson 创业初期遇到的问题包括液体肥料中黏性的污泥以及容器中物质的发酵和容器的爆炸，在与一家大型谷物公司合作后，这些工艺问题得到了解决，公司的业务也开始扩展。到 1953 年，液体海藻肥的销售量达到 45460L，并增加到 1964 年的 909200L，期间一个重要增长点是叶面喷施肥料的开发和应用，同时 Stephenson 也增加了海藻饲料和堆肥。1952 年，Stephenson 成立了 Maxicrop 公司，在此之前的产品由 Plant Productivity 公司销售。由于使用方便、效果显著，Milton 博士开发的海藻液体肥在农业领域得到了广泛应用（Booth，1969；Craigie，2011）。

除了 Maxicrop，其他一些企业随后也开始商业化生产海藻肥。大约在 1962 年，挪威的 Algea 公司（现 Valagro 公司）采用一种与 Maxicrop 类似的碱法技术从泡叶藻中提取制备海藻肥。法国在 20 世纪 70 年代早期开发出了一种独特的低温冷冻磨碎海藻的方法（Herve，1977），后来由 Goëmar 公司商业化。加拿大的 Acadian Seaplants 公司在 20 世纪 90 年代开始以泡叶藻为原料商业化生产海藻提取物。

澳大利亚也在 20 世纪 70 年代开始了海藻肥的生产和应用（Abetz，1980）。最早在澳大利亚从事海藻肥生产的公司 Tasbond Pty 公司是由一组科学家发起成立的，在 1970 年注册。到 1974 年这家公司的第一个商品海藻肥 Seasol ™开始在 Tasmania（塔斯马尼亚州）生产。当时，产品只用当地的海洋巨藻（*Durvillaea potatorum*），其海藻生物体通过碱性工艺水解后制得海藻肥。

从工艺的角度看，海藻生物质可以在碱性或酸性条件下水解，或者通过高压或发酵后使海藻细胞壁破裂释放出活性物质，这样得到的海藻提取物含有各种类型的分子和化合物，其本质是不均匀的。总的来说，除了加工过程中加入的工艺添加剂，初级提取物是由海藻植物的各种复杂组分组成的。这种提取物一开始被看成是促进植物生长的药物，但随着对其作用机理的深入理解，人们了解到海藻代谢产物对植物的新陈代谢既有直接作用，也可以间接地通过影响土壤微生物或与病原体的相互作用影响植物生长，是一种高效的生物刺激素。

从外观上看，目前市场上的海藻液体肥包含了从白色到黑色的各种颜色，其气味、黏度、固含量、颗粒物等指标也各不相同。海藻肥料的制备工艺因为是技术机密很少有报道，总的来说，是用水、碱、酸提取，或者用物理机械方法在低温下磨细后制备的海藻微粒化悬浮体（Herve，1977），其中微粒化海藻悬浮物是一种绿色到绿褐色的弱酸性溶液。此外，海藻也可以在高压容器中处理后使细胞壁破裂后释放出可溶性细胞质成分，经过滤后得到液体肥（Herve，1983；Stirk，2006）。物理破壁技术避免了有机溶剂、酸、碱等的应用，其提取物的性能与碱性提取物有区别。目前广泛使用的一种技术是高温下用钠和钾的碱性溶液处理海藻，就如最早的 Maxicrop 工艺，反应温度可以通过使用压力容器进一步提高。与其他产品有所不同，加拿大 Acadian Seaplants 公司的提取物是在常温下加工得到的。

所有的海藻提取液因为有腐殖质类的多酚存在而有强烈的颜色，最终的产品可以在干燥状态或以 pH 7~10 的液态使用。根据使用情况，人们在海藻肥料中经常加入一些普通的植物肥料或微量营养素，因为海藻活性物质对金属离子的螯合作用可以使各种金属离子稳定在肥料中（Milton，1962）。这些强化的海藻提取物一般是根据作物的特殊需求制备的。

通过先进加工技术的应用，现代海藻肥充分利用了海藻生物质中的各种有机和无机化合物。例如在褐藻的细胞壁中，海藻酸以海藻酸钙、镁、钾等形式存在，在藻体表层主要以钙盐形式存在，而在藻体内部肉质部分主要以钾盐、钠盐、镁盐等形式存在。海藻酸在褐藻植物中的含量很高，在一些海藻中海藻酸占干重的比例可以达到 40%。海带中的海藻酸含量在褐藻中是比较高的，可达 25% 以上。应该指出的是，海带中的海藻酸含量呈季节性变化，一年中 4 月份海藻酸的含量最高，且在不同海域的海带中海藻酸含量的差别很大。我国以青岛和大连产的海带中海藻酸含量为最高。

除了海带，巨藻是商业化生产海藻酸的主要原料之一。巨藻生长在比较平静的海水里，是一种多年生植物。它的生长速度快，可被连续不断地收割，每年可以收割 4 次。表 2-2 所示为巨藻中的海藻酸及其他各种组分的含量。

表2-2　巨藻（*Macrocystis pyrifera*）中各种组分的含量

成分	含量	成分	含量
水分	10%~11%	铷	0.001%
灰分	33%~35%	铜	0.003%
蛋白质	5%~6%	铬	0.0003%
粗纤维（纤维素）	6%~7%	锰	0.0001%
脂肪	1%~1.2%	银	0.0001%
海藻酸和其他碳水化合物	39.8%~45%	钒	0.0001%
钾	9.5%	铅	0.0001%
钠	5.5%	氯	11%
钙	2.0%	硫	1.0%
锶	0.7%	氮	0.9%
镁	0.7%	磷	0.29%
铁	0.08%	碘	0.13%
铝	0.025%	硼	0.008%
锂	0.01%	溴	0.0002%

第三节　海藻肥在农业中的普及

海藻在农业生产中长期被用作为肥料和土壤调节剂（Guiry，1981；Hong，2007；Metting，1988；Metting，1990）。传统的观点是海藻通过其提供的营养物以及改善土质和持水性而促进作物的增长、提高产量。在这个方面，海藻液体肥含有溶解状态的 Cu、Co、Zn、Mn、Fe、Ni、Mo、B 等元素，应用于土壤和叶面上后产生的功效被广为接受。随着海藻肥的推广普及，特别是低应用量的海藻肥（$< 15\ L/hm^2$）所产生的效果使人们联想到海藻提取物中一些促进植物增长的成分。

目前人们对海藻肥料所积累的知识可分为三个阶段。

第一阶段：20 世纪 50 年代—20 世纪 70 年代早期。

第二阶段：20 世纪 70 年代—20 世纪 90 年代。

第三阶段：20 世纪 90 年代—当前。

第一个阶段积累的早期知识主要是实际试验和生物测定中获取的经验性结果，对海藻肥化学成分的分析受仪器水平的影响。在第二个阶段的发展过程中，气相色谱（GC）和高效液相色谱（HPLC）技术的完善使科研人员可以对海藻提取物中的各种组分进行精确测定。核磁共振（NMR）技术也广泛应用于海藻活性物质的分析测试中，使海藻肥的结构组成及其使用功效的构效关系更加科学合理。20 世纪 90 年代以后的第三个阶段中，仪器分析变得更加先进，在对海藻活性物质进行精确表征的基础上，主要成分分析和代谢组学方法的应用使科研人员可以更好地建立活性成分与应用功效之间的关联性。

历史上早期的生物功效研究主要来自农田或温室中使用的 Maxicrop，最早的实验开始于 20 世纪 60 年代，主要研究人员是苏格兰海藻研究院的 Ernest Booth。随后有三个研究团队积极从事海藻肥在农业生产中的应用，包括 1959 年后 T. L. Senn 教授在美国克莱姆森（Clemson）大学建立的研究团队。此团队在 20 多年中研究了泡叶藻提取液对水果、蔬菜、观赏植物的影响（Senn，1978）。20 世纪 60 年代后期，英国朴次茅斯理工大学的 G. Blunden 教授开始了对海藻提取液的研究，直到现在仍在继续。第三个研究团队是 20 世纪 80 年代由南非纳塔尔大学 van Staden 教授建立的，他们专门研究从极大昆布中用细胞破裂法制备的海藻提取液 Kelpak 海藻肥。另外，开始于 20 世纪 80 年代后期，由法国罗斯科夫（Roscoff）研究所的 Bernard Kloraeg 与法国 Goëmar 公司合作的研究显示了海藻提取液中含有植物增长的激发因子（Klarzynski，2000；Klarzynski，2003；Patier，1993）。

目前，全球每年用于生产海藻肥的海藻约为 550000t（Nayar，2014）。表 2-3 所示为国际海藻肥主要供应商（Arioli，2015）。

经过半个多世纪的创新发展，海藻肥产品的品种不断增多、质量日益改善，在农业生产中受到人们的重视和青睐，有关海藻肥的生产及研究也逐渐成为热点。目前，海藻及其提取物在种植业和养殖业中的应用已得到多个国际组织和政府的认可，欧盟 IMO（生态市场研究所）认证、北美 OMIR 认证和中国有机食品技术规范等资料中明确指出，允许海藻制品作为土壤培肥和改良物质，允许将其使用于作物病虫害防治中，允许其作为畜禽饲料添加剂使用（张驰，2006）。随着海藻及其提取物在农业上的应用研究越来越受到人们的重视，近年来其加工技术和应用水平也得到持续快速提高（保万魁，2008）。

众所周知，海洋是地球上生物的原始孕育者，而海藻则是海洋有机物的原始生产者，具有极大地吸附海洋生物活性物质的能力。通过合成代谢和分解代谢，海藻在其生物体内汇集了 Ca、Fe、Mn、Zn 等矿质营养元素，海藻酸、卡拉胶、

表2-3 国际海藻肥主要供应商

编号	公司名称	所在国家
大型生产商		
1	Acadian Seaplants Ltd	加拿大
2	Algea	挪威
3	Arramara Teo	爱尔兰
4	Beijing Leili（北京雷力公司）	中国
5	Bioatlantis	爱尔兰
6	China Ocean University（中国海洋大学）	中国
7	Goëmar	法国
8	Kelpak	南非
9	Qingdao Brightmoon Seaweed Group（青岛明月海藻集团）	中国
10	Seasol	澳大利亚
小型生产商		
11	AfriKelp	南非
12	Agrocean	法国
13	Agrosea	新西兰
14	Brandon Products	爱尔兰
15	Cytozyme	美国
16	Dash	埃及
17	Fairdinkum	澳大利亚
18	Fartum	智利
19	Gofar（北海国发海洋生物农药有限公司）	中国
20	Natrakelp	澳大利亚
21	Nitrozyme	美国
22	Plantalg	法国
23	Sammibol	法国
24	Seagold	澳大利亚
25	Setalg	法国
26	Thorvin	冰岛
27	West Coast Marine Products	加拿大

琼胶、褐藻淀粉、岩藻多糖、木聚糖、葡聚糖等海藻多糖，糖醇、氨基酸、维生素、细胞色素、甜菜碱、酚类等各种化合物，以及生长素、细胞分裂素、赤霉素、脱落酸等天然激素类物质，这些物质以一种天然的状态、均衡的比例存在。

此外，海藻中还含有大量陆地生物所缺乏的生物活性物质、营养物质及功能成分，使其成为制备肥料的最好原料（Rayirath，2009；Battacharyya，2015；Vishchuk，2011）。

至今，海藻提取物应用于农业生产的功效已经被广泛认可，是一种公认的植物生长生物刺激素（Khan，2009；Craigie，2011；Calvo，2014）。到2004年，全球每年约有1500万吨的海藻产品，产生的经济价值约59.93亿美元，其中作为增强作物生长及提高产量的营养补充剂以及生物肥料占1.6%（Craigie，2011）。根据国际农业行业权威杂志 *New Ag International* 对以海藻为主原料的海藻肥市场的统计，2012年欧洲市场上海藻肥的经济价值为20亿~40亿欧元，全球预计最低为80亿欧元，占整个农资市场（含化肥、杀虫杀菌市场）总额的2%（杨芳，2014），海藻肥在农业生产中有巨大的发展空间。

第四节　中国海藻肥产业的发展

我国是世界上拥有海藻资源最丰富的国家之一。自古以来，我国人民就采捞和利用礁膜、浒苔、石莼、紫菜、小石花菜、江篱、鹿角海萝、裙带菜、昆布、马尾藻等各种海藻用于农业生产。到明清两代，我国肥料种类变得多样化，至少有上百种。这时已经有较多地区施用骨粉和骨灰，施用的饼肥也扩大到了菜籽饼、乌桕饼和棉籽饼，豆渣、糖渣和酒糟之类也被用作了肥料。绿肥种类更加广泛，有大麦、蚕豆、绿豆、大豆、胡麻、油菜苗等十多种。作为无机肥料使用的有砒霜、黑矾、硫黄、盐卤水等。杂肥种类比宋元时期增加了3倍多，包括家禽、家畜、草木落叶、动物杂碎及各种脏水。

在我国肥料产业的发展过程中，20世纪60—70年代出现了农用氨水，其氨浓度一般控制在含氮量15%~18%范围内。氨水的施肥简便，方法也较多，如沟施、面施、随着灌溉水施或喷洒施用，其施用原则是“一不离土，二不离水”，不离土就是要深施覆土，不离水就是加水稀释以降低浓度、减少挥发，或结合灌溉施用。

20世纪80—90年代，肥料的使用全面进入了以尿素、二铵、复合肥为代表的化学元素肥料时期，期间化肥的施用促进了农业生产迅速发展，开创了农业历史新纪元。农产品产量大幅度提升，在人类历史上第一次满足了人们对粮食的需求。然而，过量施用化学肥料对生态环境造成了巨大的污染，破坏了土壤的结构，造成了一系列严重的问题。“既要金山银山，也要绿水青山”的发展理念以及国家“两减一增”目标的提出，都宣告了大量使用化学肥料时代的终结。

进入21世纪，随着绿色有机农业的兴起以及人们对农产品安全的重视，肥料的发展已经进入了新型特种肥料时代。以海藻酸肥、腐植酸肥、生物菌肥、水溶肥、土壤调理剂、硅肥、功能性复合肥等为代表的一大批具有特定功能的新型特种肥料，因可满足不同作物在不同生长时期的养分需求，且兼具省工高效、节能环保、提高农作物抗逆和产品品质等诸多优点，日益受到市场的青睐。

我国现代海藻肥的研制起始于20世纪90年代后期，起步相对较晚。1995年，“九五”科技攻关项目“海藻抗逆植物生长剂”由中国科学院海洋研究所承担，1998年至2002年分别在山东、黑龙江、甘肃、河北等省进行了15.9万余亩（约10.6公顷）的农田应用试验，作物品种涉及蔬菜、大田作物、水果等，试验结果表明该成果具有明显的促生长效果，增产幅度达7.1%~26%，该成果在《中国农业科技》《土壤肥料》《化工管理》《农业信息与科技》等刊物上均有报道。1999年7月，研发团队提交发明专利申请，2002年8月研究成果获得国家发明专利，该技术显示出明显的抗病、抗旱等抗逆效果。在随后的研究开发过程中，中国科学院海洋研究所、中国海洋大学、北京雷力集团、青岛明月海藻集团等一大批科研院所、高校和企业在海藻肥加工、海藻肥应用效果及其作用机理、海藻肥推广使用等方面作了大量的探索开拓。2000年，农业部肥料登记管理部门正式设立了“含海藻酸可溶性肥料”这一新型肥料类别，使其有了市场准入的身份。截至2012年，在农业部获准登记的国内海藻肥生产企业有青岛明月海藻集团和中国海洋大学生物工程开发有限公司等40家。

目前，中国海藻肥市场正处于快速发展期，前景广阔。尽管如此，由于海藻肥的原料成本、生产成本相对较高，而国内的经销商及消费者对海藻肥的功效、使用等方面的知识不足，加上海藻肥的生产加工工艺复杂，目前不少企业还不具备生产和推广海藻肥方面的可持续增长能力，海藻肥在国内肥料市场上的占有率还相对较低。

传统化肥易破坏土壤中的养分含量，当前世界肥料的发展方向是有机、生物、无机相结合。目前，美国等西方国家有机肥料用量已占总量的60%，而国内有机肥的使用量仅占化肥使用量的10%，还有很大的发展空间。据统计，2015年全球海藻产量已经达到3000万吨，为海藻类肥料的进一步发展提供了原料保障（FAO，2017）。

第五节 小结

人类利用海藻作为肥料的历史已经有几千年，直到1993年，美国的一种经过提炼加工的海藻肥才被美国农业部正式确定为美国本土农业专用肥。从这一点上看，海藻肥还是一个非常新兴的产业，具有广阔的发展前景。

当前，我国土壤酸化、板结、重金属超标等问题突出，农产品品质有待提高。随着社会进步和科学技术的发展，人们对农产品的质量安全、环境保护和农业的可持续发展越来越重视。海藻肥是一种科技含量高、天然、有机、无毒、高效的新型肥料，其系列产品十分适合我国绿色食品和有机食品的生产，所具有的功效弥补了传统有机肥施用量大、肥效慢的不足。面向未来，海藻肥的大规模产业化生产和广泛应用将有助于深度开发和充分利用我国丰富的海藻资源，促进我国绿色、有机食品的生产，提高农产品的质量安全，推动种植业的健康发展和无公害食品行动计划的实施，使农业增效、农民增收、生态环境得到保护和改善、国民健康得到增强。

参考文献

[1] Abetz P. Seaweed extracts：have they a place in Australian agriculture or horticulture?[J]. J. Aust. Inst. Agric. Sci., 1980, 46：23-29.

[2] Arioli T, Mattner S W, Winberg P C. Applications of seaweed extracts in Australian agriculture：past, present and future[J]. J. Appl. Phycol., 2015, 27：2007-2015.

[3] Battacharyya D, Babgohari M Z, Rathor P, et al. Seaweed extracts as biostimulants in horticulture[J]. Scientia Horticulturae, 2015, 196：39-48.

[4] Booth B. The manufacture and properties of liquid seaweed extracts[J]. Proc. Intl. Seaweed Symp., 1969, 6：655-662.

[5] Calvo P, Nelson L, Kloepper J W. Agricultural uses of plant biostimulants [J]. Plant Soil, 2014, 383：3-41.

[6] Chapman V J, Chapman D J. Seaweeds and Their Uses, 3rd ed[M]. London：Chapman and Hall, 1980：334.

[7] Craigie J S. Seaweed extract stimuli in plant science and agriculture[J]. J. Appl. Phycol., 2011, 23：371-393.

[8] Craigie J S. Seaweed extract stimuli in plant science and agriculture[J]. Journal of Applied Phycology, 2011, 23（3）：371-393.

[9] Crouch I J & van Staden J. Commercial seaweed products as biostimulants in horticulture[J]. Journal of Home and Consumer Horticulture, 1994, 1：19-75.

[10] Eyras M C, Rostagno C M, Defosse G E. Biological evaluation of seaweed composting[J]. Compost Science and Utilization, 1998, 6: 74-81.

[11] FAO. Yearbook of fishery and aquaculture statistics[C]. Rome: Food and Agriculture Organization of the United Nations, 2017.

[12] Gandhiyappan K, Perumal P. Growth promoting effect of seaweed liquid fertilizer (Enteromorpha intestinalis) on the sesame crop plant (*Sesamum indicum* L.)[J]. Seaweed Res. Util., 2001, 23 (1; 2): 23-25.

[13] Guiry M D, Blunden G. The commercial collection and utilization of seaweeds in Ireland[J]. Proc. Int. Seaweed Symp., 1981, 10: 675-680.

[14] Henderson J. The Roman Book of Gardening[M]. London: Routledge, 2004: 152.

[15] Herve R A, Rouillier D L. Method and apparatus for communiting (sic) marine algae and the resulting product[P]. United States Patent 4, 023, 734, 1977.

[16] Herve R A, Percehais S. Noveau produit physiologique extrait d' algues et de plantes, procédé de préparation, appareillage d' extraction et applications[P]. French Patent 2, 555, 451, 1983.

[17] Hong D D, Hien H M, Son P N. Seaweeds from Vietnam used for functional food, medicine and biofertilizer[J]. J. Appl. Phycol., 2007, 19: 817-826.

[18] Khan W, Rayirath U P, Subramanian S, et al. Seaweed extracts as biostimulants of plant growth and development[J]. J. Plant Growth Regul., 2009, 28: 386-399.

[19] Klarzynski O, Plesse B, Joubert J-M, et al. Linear β-1, 3 glucans are elicitors of defence responses in tobacco[J]. Plant Physiol, 2000, 124: 1027-1037.

[20] Klarzynski O, Descamps V, Plesse B, et al. Sulfated fucan oligosaccharides elicit defense responses in tobacco and local and systemic resistance against tobacco mosaic virus[J]. Mol. Plant-Microbe Interact, 2003, 16 (2): 115-122.

[21] Lembi C, Waaland J R. Algae and Human Affairs[M]. New York: Cambridge University Press, 1988: 590.

[22] Metting B, Rayburn W R, Reynaud P A. Algae and agriculture. In Lembi C and Waaland J R (ed) Algae and Human Affairs[M]. New York: Cambridge University Press, 1988: 335-370.

[23] Metting B, Zimmerman W J, Crouch I, et al. Agronomic uses of seaweed and microalgae. In: Akatsuka I (ed) Introduction to Applied Phycology. SPB, The Hague, 1990: 589-628.

[24] Milton R F. The production of compounds of heavy metals with organic residues[P]. British Patent 902, 563, 1962.

[25] Milton R F. Liquid seaweed as a fertilizer[J]. Proc. Int. Seaweed Symp., 1964, 4: 428-431.

[26] Milton R F. Improvements in or relating to horticultural and agricultural fertilizers [P] . British Patent 664, 989, 1952.

[27] Milton R F. Liquid seaweed as a fertilizer [J] . Proc. Int. Seaweed Symp., 1964, 4: 428-431.

[28] Nayar S, Bott K. Current status of global cultivated seaweed production and markets [J] . World Aquac., 2014, 45: 32-37.

[29] Newton L. Seaweed Utilization [M] . London: Sampson Low, 1951: 188.

[30] Patier P, Yvin J C, Kloareg B, et al. Seaweed liquid fertilizer from *Ascophyllum nodosum* contains elicitors of plant *D*-glycanases [J] . J. Appl. Phycol., 1993, 5: 343-349.

[31] Penkala L. Method of treating seaweed [P] . British Patent 27, 257, 1912.

[32] Rathore S S, Chaudhary D R, Boricha G N, et al. Effect of seaweed extract on the growth, yield and nutrient uptake of soybean (*Glycine max*) under rainfed conditions [J] . S. Afr. J. Bot., 2009, 75: 351-355.

[33] Rayirath P, Benkel B, Mark H D, et al. Lipophilic components of the brown seaweed, *Ascophyllum nodosum*, enhance freezing tolerance in *Arabidopsis thaliana* [J] . Planta, 2009, 230 (1): 135-147.

[34] Senn, T L, Kingman A R. Seaweed Research in Crop Production 1958-1978. Report No. PB290101, National Information Service, United States Department of Commerce, Springfield, VA 22161, 1978: 161.

[35] Stephenson W A. Seaweed in Agriculture & Horticulture, 3rd edition [M] . Pauma Valley: B and G Rateaver, 1974: 241.

[36] Stirk W A. World seaweed resources [J] . South African Journal of Botany, 2006, 72 (4): 666-666.

[37] Stirk W A, van Staden, J. Seaweed products as biostimulants in agriculture. In Critchley A T, Ohno M, Largo D B (eds) World Seaweed Resources [M] . ETI Information Services Ltd, Univ. Amsterdam, 2006.

[38] Stirk W A, van Staden J. Isolation and identification of cytokinins in a new commercial product made from *Fucus serratus* L [J] . J. Appl. Phycol., 1997, 9: 327-330.

[39] Stirk W A, van Staden J. Comparison of cytokinin and auxinlike activity in some commercially used seaweed extracts [J] . J. Appl. Phycol., 1996, 8: 503-508.

[40] Temple W D & Bomke A A. Effects of kelp (*Macrocystis integrifolia*) on soil chemical properties and crop responses [J] . Plant and Soil, 1988, 105: 213-222.

[41] Verkleij F N. Seaweed extracts in agriculture and horticulture: A review [J] . Biological Agriculture and Horticulture, 1992, 8: 309-324.

[42] Vishchuk O S, Ermakova S P, Zvyagintseva T N. Sulfated polysaccharides

from brown seaweeds *Saccharina japonica* and *Undaria pinnatifida*: isolation, structural characteristics, and antitumor activity [J] . Carbohydrate Research, 2011, 346 (17): 2769-2776.
[43] 王明鹏，陈蕾，刘正一，等. 海藻生物肥研究进展与展望 [J] . 生物技术进展，2015，5 (3): 158-163.
[44] 汪家铭. 海藻肥生产应用及发展建议 [J] . 化学工业，2010，28 (12): 14-18.
[45] 陈景明. 海藻肥在作物生产上的应用 [J] . 安徽农业科学, 2005，33 (9): 34-37.
[46] 范晓，朱耀燧. 多效植物肥-海藻提取物 [J] . 海洋科学，1987，(05): 59-62.
[47] 张驰. 用海藻制品提升农产品国际竞争力 [J] . 中国农资，2006，12: 12-15.
[48] 保万魁，王旭，封朝晖，等. 海藻提取物在农业生产中的应用 [J] . 中国土壤与肥料, 2008, (05): 12-18.
[49] 隋战鹰. 海藻肥料的应用前景 [J] . 生物学通报，2006, (11): 19-20.
[50] 杨芳，戴津权，梁春蝉，等. 农用海藻及海藻肥发展现状 [J] . 福建农业科技，2014, (03): 72-76.

第三章

生产海藻肥的海藻

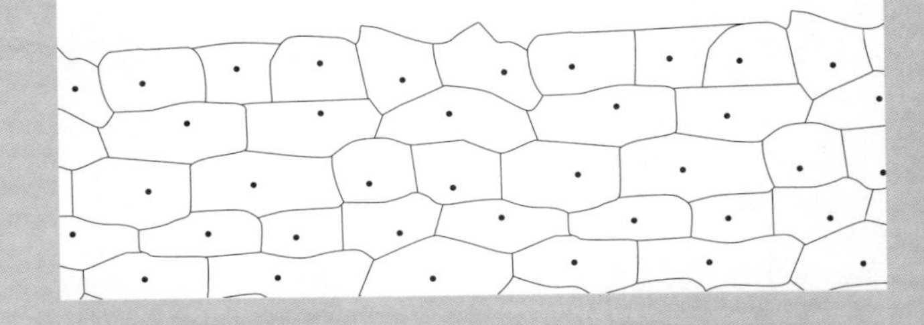

第一节 概述

海藻类肥料的原料是海洋中的大型藻类，尤其是分布于世界各地的各种褐藻。据统计,全世界现有褐藻、红藻、绿藻等大型海藻6495种,其中褐藻1485种、红藻4100种、绿藻910种。在各种海藻中，褐藻生长在寒温带水域，在北大西洋的爱尔兰、英国、冰岛、挪威、加拿大等地以及南太平洋的智利、秘鲁等地均有丰富的野生资源。

图3-1所示为海藻的分类示意图。目前用于肥料生产的主要有褐藻、红藻、绿藻3个门类中的约100余种海藻，其中最常用的海藻肥原料为褐藻门的泡叶藻、海带、昆布、马尾藻等野生或养殖海藻，以及绿藻门的浒苔。世界范围内，每年约有10%的海藻及其提取物被用于制备植物生长调节剂、土壤生物修复等方面。图3-2所示为几种主要的褐藻在世界各地的分布。

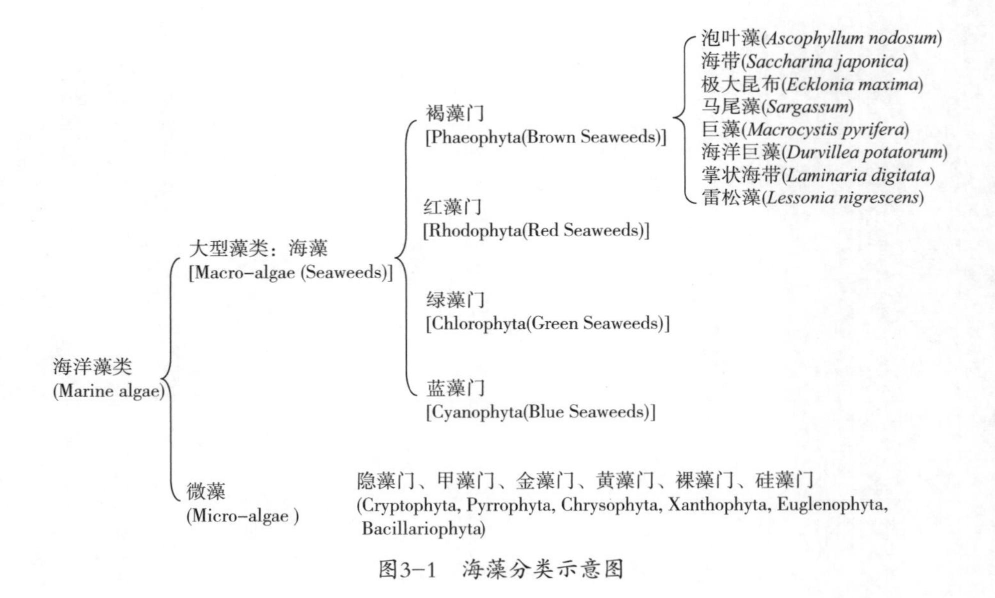

图3-1 海藻分类示意图

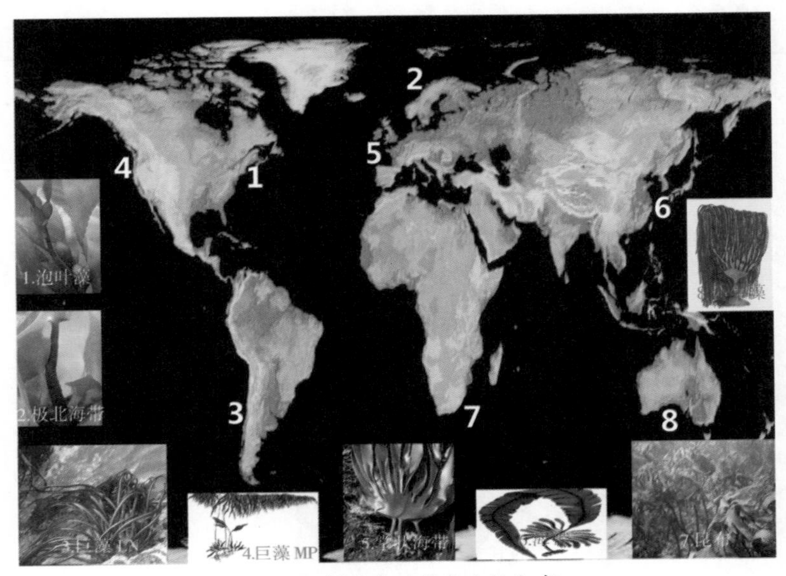

图3-2　褐藻在世界各地的分布

1—泡叶藻　2—极北海带　3—巨藻LN　4—巨藻MP　5—掌状海带　6—海带　7—昆布　8—公牛藻

第二节　生产海藻肥的主要海藻

表 3-1 所示为世界各地的海藻肥及其使用的海藻类别。由于地理位置和发展历史的不同，不同厂家选用的海藻原料有所不同，其中泡叶藻为西北欧和北美地区等北大西洋沿海国家的主要原料。南非主要使用当地盛产的极大昆布作为制备海藻肥的原料。我国的海带养殖规模占世界首位，野生马尾藻资源丰富，并且近年来经常有大规模浒苔灾害的发生，因此海带、马尾藻、浒苔是国内海藻类肥料的主要原料。

表3-1　世界各地的海藻肥及其使用的海藻类别

产品名称	使用的海藻类别
Acadian	泡叶藻（*A. nodosum*）
Actiwave	泡叶藻（*A. nodosum*）
Algal 30	泡叶藻（*A. nodosum*）
Algamino	马尾藻（*Sargassum* sp.）

续表

产品名称	使用的海藻类别
Algifert	泡叶藻（*A. nodosum*）
Algifol	泡叶藻（*A. nodosum*）
ANE	泡叶藻（*A. nodosum*）
Blue Energy	海带和泡叶藻（*S. japonica* & *A. nodosum*）
Ekologik	泡叶藻（*A. nodosum*）
Goemar	泡叶藻（*A. nodosum*）
Kelpak	极大昆布（*E. maxima*）
Maxicrop	泡叶藻（*A. nodosum*）
Seasol	海洋巨藻（*D. potatorum*）
Stimplex	泡叶藻（*A. nodosum*）
Super50	泡叶藻（*A. nodosum*）
SW	泡叶藻（*A. nodosum*）
SWE	泡叶藻（*A. nodosum*)
WUAL	泡叶藻（*A. nodosum*）

一、泡叶藻

泡叶藻（*A. nodosum*）是国际上生产海藻肥的经典主流原料，例如，加拿大Acadian公司、中国青岛明月海藻集团皆采用泡叶藻为主要原料生产海藻肥。泡叶藻是北大西洋沿岸潮间带的一种主要海藻。北大西洋的温度常年不超过27℃，适宜海藻的生长并可形成数量巨大的野生褐藻资源（Keser，2005），其中加拿大Nova Scotia沿海的泡叶藻存量为每公顷71.3t（湿重），涵盖的面积约为4960hm^2（Ugarte，2010）。这种多年生海藻的叶可以存活20年，其固着器可存活100年以上（Xu，2008）。作为一种野生褐藻，泡叶藻产业能可持续发展很大程度上依赖于在合理收获的情况下，其叶子可以重复生长。图3-3所示为生长在自然界中的泡叶藻。

自然界中，泡叶藻是与球腔菌属（*Mycophycias*，以前称作*Mycosphaerella*）共生的（Kohlmeyer，1972；Garbary，1989），野生泡叶藻都受细菌感染，真菌菌丝体围绕海藻细胞可形成一个紧密的网络（Garbary，2001；Xu，2008）。

作为褐藻门的一个主要种类，泡叶藻属于褐藻门泡叶藻属，藻体呈橄榄色，

(1)泡叶藻近景

(2)泡叶藻远景

图3–3　自然界中的泡叶藻

叶面有褶皱，每片叶片都有一个气囊。泡叶藻属于冷水藻类，多生长于潮间带的岩石上，主要分布在北大西洋海域的爱尔兰、加拿大、挪威、西班牙、法国、英国等 43 个国家的海岸线上。智利也有丰富的泡叶藻资源，其海岸线漫长、阳光充足，在收获泡叶藻后经自然晾晒即可收集打包，产品可维持原始形态，且价格较低。法国的海岸线较短，收获的泡叶藻需经过人工切割、烘干才可进行下一步加工，因此成品个体较小，价格也较贵。

泡叶藻是大自然馈赠给人类的瑰宝。由于生长条件苛刻，目前尚无法像海带一样进行低成本人工养殖，完全依靠天然生长，因此价格相对较高。恶劣的生长环境赋予泡叶藻极强的富集和吸收营养的能力，藻体富含海藻酸、褐藻淀粉、岩藻多糖、蛋白质、脂肪、纤维素等活性成分，其中海藻酸占总重量的15%~30%，是目前全世界公认的生产海藻肥的最好原料。

研究表明，泡叶藻含有丰富的脱落酸、生长素和细胞分裂素。以泡叶藻为原料加工制备的土壤调理剂，可有效促进植株多种组织的分化和生长，提高植物的抗逆能力。泡叶藻富含的海藻酸及其寡糖还有改良和修复土壤、缓解土壤盐渍化的作用。虞娟等（虞娟,2016）以青岛明月海藻集团提供的泡叶藻为原料，经过研究表明，泡叶藻多糖的抗氧化活性接近维生素 C，对自由基有较强的清除能力。以泡叶藻为原料生产的海藻肥可有效提高作物的抗氧化能力、延缓衰老、延长农产品的货架期。表 3-2 所示为泡叶藻与其他 4 种常见海藻中的植物激素含量的对比。

表3-2　泡叶藻与其他4种常见海藻中的植物激素含量对比

海藻种类	吲哚乙酸/（ng/g）	赤霉素/（ng/g）	玉米素/（ng/g）
泡叶藻	594.22	66.70	107.94
鲜小海带	20.53	33.96	93.95
干小海带	147.94	13.54	19.77
干大海带	30.9	21.54	24.97
鲜马尾藻	15.23	40.00	87.94

二、海带

海带（*Saccharina japonica*）是提取海藻碘、海藻酸盐、甘露醇等众多活性物质的原料，也是生产海藻肥的好原料。海带属于褐藻门，其种类繁多，全世界约有 50 多种，亚洲地区约有 20 多种。海带属于亚寒带藻种，自然生长地位于西北太平洋沿岸冷水区，包括俄罗斯太平洋沿岸、日本和朝鲜北部沿海等低温海域。海带的藻体褐色、革质，明显分为固着器、柄部和叶状体，藻体呈长带状，一般长 2~6m，宽 20~40cm。中国于 20 世纪 50 年代开始推广海带的大规模的人工养殖，人们已经把海带养殖从山东半岛推进到浙江、福建、广东等地沿海。借助于国内巨大的消费市场，中国已连续多年成为全球海带养殖量最大的国家，海带养殖量占全球养殖总量的一半以上。图 3-4 所示为海带人工养殖的场景。

应该指出，中国不是海带的原产地，中国的海带是从日本引进的，而且还是日本人自己带来的（丁立孝，2016）。但海带进入中国的历史伴随着日本对中国的战争和侵略。

1895 年的甲午战争，清政府战败，含辱签订了《马关条约》，其中包括割让辽东半岛，大连随后被日本人占领。1898 年，在俄、德、法三国联合干预下，日本人又被迫撤离辽东地区。随后俄国租借大连，并在旅顺建立了海军基地。

日本人不甘心，经过近六年的扩军备战后，1904 年 2 月 8 日，由东乡平八郎率领的日本联合舰队突袭了沙皇俄国控制的中国旅顺港，引发日俄战争。沙俄、日本互相宣战，我国的旅顺大连成为日俄战争的主战场。1905 年，日本帝国在日俄战争中大获全胜，作为战胜国的日本取代了战败国沙俄，继续强行“租借”第三国——中国的土地，并且长期霸占。从那时起，日本全面控制了中国的旅顺地区，即今天的大连沿海地区。

在日本人再次占领大连后不久，一个称为“关东水产组合本部事务所”的机构就在大连成立，标志着日本殖民者开始对中国水产资源进行实质性的掠夺。1906 年 6 月 7 日，日本天皇下令在中国东北设立“南满铁道株式会社”（简称“满铁”），这又是一个集经济侵略与军事政治侵略于一身的殖民机器，它也很快盯上了大连沿海地区，并宣布从大连黑石礁到马栏河入海口一带（包括了星海湾）

(1)海带养殖场

(2)人工养殖的海带

图3-4　海带的人工养殖

为“星个浦游园”，即建了一个游乐园。

就在那个时候，日本人频繁地从北海道运木材到大连修筑海港码头。那些从北海道砍伐的木材有的被装船运到大连，有的被扎成木排集中投放到海里囤积，再由拖船拖运到大连。日本海湾的海带孢子就附着在船体上或木排上，跟着货船或木排来到了大连湾。到大连之前，这些木排在北海道已经停留了一些时间，并且已经有小海带在生长了。侵占大连的日本人看到后很高兴，因为日本人喜欢吃海带，就以此为基础建立了海带养殖场。当时海带的年产量不多，后来日本人发现大连寺儿沟栈桥附近的石头上生长着海带幼苗，他们分析是日本海轮或木材从日本北海道带来的海带“孢子”落入水中才生长起来的，因此断定大连沿海一定能养起海带。为了开发这一项目，日本人在1940年成立了“关东州浅海养殖株式会社”，开始在大连沿海开展海带养殖试验。在夏末秋初时节，尝试将带有海带孢子的石头投放到星海湾海底，后来经过观察，海带的长势良好。从此，日本人开始在大连星海湾发展海带养殖，再后来，他们运来更多石头，种上海带孢子后投到海底，夏季则组织人收割海带。

1945年，抗战胜利后我国百废待兴，当地政府把发展沿海藻类养殖纳入了日程。1946年3月，当时的“旅大行政联合办事处（即市政府）”接管了日伪“关东州浅海养殖株式会社”，开始在星海湾一带养殖海带。新中国成立后的1952年，大连成立了“旅大水产养殖场”，并开始进行海带的海面浮筏人工养殖。之后在曾呈奎院士等科研人员的领导下，海带养殖技术在国内沿海由北向南推广，从山东半岛推广到整个山东海域以及后来一直推广到福建沿海。

曾呈奎先生带领的科研团队潜心研究多年，将海带人工养殖成功南移，使海带可以在辽东半岛、山东半岛、浙江、福建和广东的海域里生长。在海带传入我国到现在的近百年历史中，我国的海带养殖技术经历了“夏苗培育”“南移养殖”等技术难关，成功解决了“筏式养殖”“施肥养殖”等技术难题，实现了海带的全人工养殖，使我国成为世界上头号海带养殖生产大国，海带产量占全球海藻养殖总量的50%以上，为海藻肥料等海藻生物制品产业的发展提供了原料保障。

三、马尾藻

马尾藻（*Sargassum* sp.）是生产海藻肥的一种新兴原料，属于褐藻门、墨角藻目、马尾藻科、马尾藻属，是热带及温带海域沿海地区常见的一类大型褐藻，多数种类生长于低潮带以下，一般高在1m以上，是海藻床的重要构成物种。

马尾藻的藻体呈黄褐色，有类似叶、茎的分化，茎略呈三棱形，叶子多为披针形，具有气囊。

马尾藻中的大多数为暖水性种类，广泛分布于暖水和温水海域，例如印度-西太平洋和澳大利亚、加勒比海等热带及亚热带海区。我国是马尾藻的主要产地之一，盛产于海南、广东和广西沿海，尤其是海南岛、涠洲岛等地。

马尾藻属的海藻种类很多，有记录的种、变种及变型共 878 个，目前已被证实存在的有 340 种。马尾藻在我国沿海三大海藻区系中都有分布，黄海、东海有 17 种，南海有 124 种。

在自然海区，马尾藻是紫海胆、鲍鱼等的饵料。马尾藻的榨取液可以代替或部分代替单细胞藻作为中国对虾幼体的饵料。把马尾藻粉碎加工后制成的海藻粉不但能代替部分粮食和矿物微量元素，还能促进肉鸡的生长（赵学武，1990；潘鲁青，1997）。马尾藻含有药用功效很高的一些特殊活性物质、不饱和脂肪酸、碘等生物质成分。崔征等（崔征，1997）发现半叶马尾藻对小鼠 S180 实体瘤抑制率为 55.7%，显示较强的抗肿瘤活性。在韩国民间，用半叶马尾藻治疗各种过敏性疾病也有很长的历史。用马尾藻进行补碘治疗甲状腺肿大在《本草纲目》中就有记载，南方产的马尾藻如瓦氏马尾藻的含碘量甚至比“含碘之王”——海带还要高。马尾藻还含有丰富的膳食纤维、褐藻淀粉、矿物质、维生素以及高度不饱和脂肪酸和必需氨基酸，可作为保健食品和药物的优质原料（李来好，1997）。

近年来，随着对马尾藻应用研究的不断深入，其经济价值得到了更多的认可。但是由于马尾藻生长在近海，受近海采捕、港口建设、贝类采集、环境污染等因素的影响，马尾藻的自然资源量在不断下降，成为业内关注的一个问题。

全球范围内，马尾藻资源最丰富的当属 2000 多年前古希腊亚里士多德提到过的“大洋上的草地”。那个神奇的草地就是 1492 年，哥伦布被困一个多月差点没出来的一片神奇海域。如图 3-5 所示，这个名为马尾藻海的“洋中之海”，又称萨加索海（马尾藻海），是大西洋中一个没有岸的“海”，大致在北纬 20°~35°、西经 35°~70°，覆盖 500 万~600 万 km^2 的水域。

马尾藻海围绕着百慕大群岛，与大陆毫无连接，所以它名虽为“海”，实际上并不是严格意义上的海，只能说是大西洋中一个特殊的水域。在它的上面漂浮生长着成片的马尾藻，仿佛是一派草原风光。在海风和洋流的带动下，漂浮着的马尾藻犹如一条巨大的橄榄色地毯，一直向远处伸展。

(1)马尾藻

(2)马尾藻海

图3-5　马尾藻与马尾藻海

这片布满马尾藻的“海之绿野”号称“魔藻之海”，自古以来，误入这片“绿色海洋”的船只几乎无一能“完璧归赵”。在帆船时代，不知有多少船只，因为误入这片奇特的海域，被马尾藻死死地缠住，船上的人因淡水和食品用尽而无一生还。人们把这片海域称为“海洋的坟地”。

马尾藻海是世界上公认的最清澈的海，透明度近 70m。晴天时把照相底片放在 1000 余米的深处，底片仍能感光。这个神奇海域的神奇海藻有望在将来为海藻生物产业提供优质的原料。

四、极大昆布

极大昆布（*Ecklonia maxima*），也称海竹，属于褐藻门昆布属，藻体有类似茎和叶的分化，茎如树干一般粗壮高大。这种海藻主要存在于从南非到纳米比亚的非洲南大西洋海岸，南非的 Kelpak 公司就以极大昆布为原料生产海藻肥。

极大昆布在南非西海岸大量分布，占据了海岸线上的浅、温带，在深度达 8m 的海岸线上，形成壮观的海底森林。这类海藻通过固着器与海底的石块或其他海藻相连，固着器以上有一根单一的、很长的茎浮出海面，在海面上通过气囊把一组叶片悬浮在海面进行光合作用。极大昆布既可以加工成肥料，也可以作为养殖鲍鱼的饲料（Robertson-Andersson，2006；Anderson，2006）。图 3-6 所示为用于制备海藻肥的极大昆布。

五、海洋巨藻

海洋巨藻（*Durvillaea potatorum*）是褐藻门的一种，该属（*Durvillaeaceae*）以法国探索家 Jules Dumont d’Urville（1790—1842）命名，包括 6 个已知的种类。这些褐藻存在于南半球，尤其是新西兰、南美洲、澳大利亚等国家和地区的资源丰富。海洋巨藻的许多种类被称为公牛藻，反映出它们巨大的体型特征（Cheshire，

(1)生长的极大昆布

(2)收获的极大昆布

图3-6　用于制备海藻肥的极大昆布

2009）。图 3-7 所示为澳大利亚海域的海洋巨藻。

图3-7　海洋巨藻

六、浒苔

浒苔（*Enteromorpha*）属绿藻门、石莼目、石莼科，是野生藻类资源中的优势种，广泛分布于中、低潮区的砂砾、岩石、滩涂和石沼海岸中。自古以来，浒苔即为食用和药用藻类。《本草纲目》中记载，浒苔可“烧末吹鼻止衄血，汤浸捣敷手背肿痛”（张金荣，2010）。从生态学的角度看，浒苔会造成自然灾害。浒苔的个头小，表面积大，养分吸收极快，所以一旦有合适的条件，它们就会以惊人的速度不停地繁殖。大量繁殖的浒苔不仅会堵塞鱼类的呼吸道，致其死亡，也会遮蔽射入水体的阳光，使固着在水底的其他藻类因缺少阳光而死去。浒苔本身极易死亡，死亡之后还会腐烂分解变臭，大量消耗水中的氧气，从而彻底让其大量生长的水域成为“死水一潭”。

如图 3-8 所示，青岛近海胶州湾区域频现浒苔的爆发，每逢夏季就会出现“海上草原”。该地区浒苔爆发的根本原因是海水的富营养化，打破了海洋本身的自然平衡。胶州湾三面毗邻陆地，海水的流动性很小，附近工厂、船坞、运油

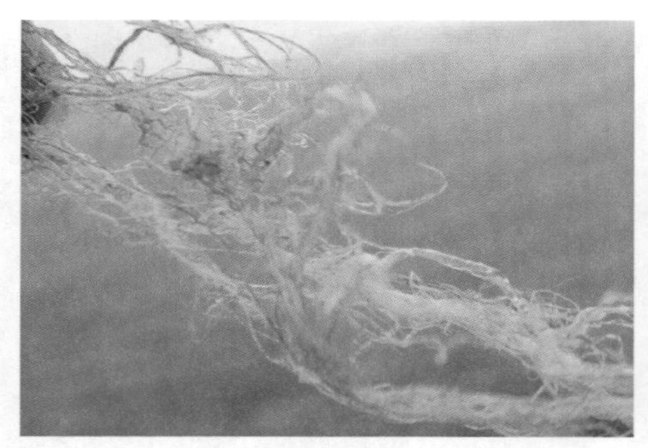

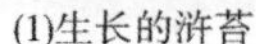
(1)生长的浒苔

(2)收获的浒苔

图3-8　浒苔

管道等设施很多，造成了大量污染，这是浒苔形成的重要原因。居民生活垃圾的随意丢弃、海水养殖的饲料失控，同样给浒苔的形成创造了条件。伴随着全球气候变暖，夏季气温和海水温度逐年升高，给浒苔的迅速繁殖创造了必要的条件。

作为一种海洋生物，浒苔在经过去沙、去生活垃圾、烘干、磨粉后可用于制备海藻饲料添加剂和土壤调理剂等系列产品，具有很高的应用价值。吉宏武和赵素芬（吉宏武，2005）对南海的条形浒苔、石莼和总状蕨藻的主要化学成分进行了分析，结果显示，多糖、蛋白质和粗纤维是构成这 3 类绿藻生物体的主要化学成分，占藻体的 92% 以上，其中膳食纤维占 64.22%~70.80%，蛋白质占 14.15%~18.91%，平均为 16.16%。矿物质和维生素含量丰富，尤其是 Fe，Zn，I 等矿物质元素和维生素 C 含量高。表 3-3 所示为 3 种绿藻的主要营养成分。

表3-3　3种绿藻的主要营养成分

海藻种类	粗蛋白	脂肪	多糖
条形浒苔	18.91%	0.67%	55.69%
石莼	15.42%	0.51%	60.70%
总状蕨藻	14.15%	0.81%	61.69%

第三节　小结

全球海洋面积 3.62 亿平方千米，约占地球总面积的 71%。全球海洋平均深度约 3800m，含有的海水总量约为 13.7×10^8 km^3，占地球总水量的 97%。作为地球万物的生命之源，海洋生物的多样性远比陆地生物丰富，目前估计海洋生物有 500 万 ~5000 万种，已有记载的约有 140 万种。在浩瀚的海洋中，海藻是一大类海洋植物群，包括种类繁多、数量庞大的微型海藻和大型海藻类植物群，是生态系统的一个重要组成部分。海藻广泛分布于海洋潮间带及潮间带以下的透光层，其初级生产力约占海洋初级生产力的 10%。海藻在提供海洋动物饵料和生活场所的同时，在近海生态系统中发挥重要作用，特别是在生物固碳方面，起着极其重要的作用。研究表明，大型海藻养殖水域面积的净固碳能力分别是森林和草原的 10 倍和 20 倍。全球每年的生物固碳总量为 800 亿吨，其中海藻固碳 550 亿吨，是全球生物固碳的最大组成部分。除了固碳制氧，大型海藻还具有气候调节、缓解富营养化、净化环境等生态功能。与此同时，海洋中产生的大量海藻生物资源为海藻生物产业提供了数量巨大的生物质资源，也为海藻类肥料产业的发展提供了资源保障。

参考文献

[1] Anderson R，Rothman J，Share A，et al. Harvesting of the kelp *Ecklonia maxima* in South Africa affects its three obligate，red algal epiphytes [J]. Journal of Applied Phycology，2006，18（3-5）：343-349.

[2] Cheshire A，Hallam N. Morphological differences in the Southern bull-kelp（*Durvillaea potatorum*）throughout South-Eastern Australia [J]. Botanica Marina，2009，32（3）：191-198.

[3] Garbary D J，Gautam A. The Ascophyllum，Polysiphonia，Mycosphaerella symbiosis. I. Population ecology of Mycosphaerella from Nova Scotia [J]. Bot. Mar.，1989，32：181-186.

[4] Garbary D J，Deckert R J. Three part harmony-Ascophyllum and its symbionts. In：Seckbach J（ed）Symbiosis：mechanisms and model systems [M]. Kluwer，Dordrecht，The Netherlands，2001：309-321.

[5] Keser M，Swenarton J T，Foertch J F. Effects of thermal input and climate change on growth of *Ascophyllum nodosum*（Fucales，Phaeophyta）in eastern Long Island Sound（USA）[J]. J. Sea Res.，2005，54（3）：211-220.

[6] Kohlmeyer J，Kohlmeyer A E. Is *Ascophyllum nodosum* lichenized? [J]. Bot. Mar.，1972，15：109-112.

[7] Robertson-Andersson，D V，Leitao D，Bolton J J，et al. Can kelp extract（KELPAK）be useful in seaweed mariculture? [J]. Journal of Applied Phycology，2006，18（3-5）：315-321.

[8] Ugarte R，Craigie J S，Critchley A T. Fucoid flora of the rocky intertidal of the Canadian Maritimes：Implications for the future with rapid climate

change. In Israel A, Einav R, Seckbach J（eds）Seaweeds and their role in globally changing environments［M］. New York：Springer，2010.

［9］Xu H，Deckert R J，Garbary D J. Ascophyllum and its symbionts. X. Ultrastructure of the interaction between *A. nodosum*（Phaeophyceae）and *Mycophycias ascophylli*（Ascomycetes）［J］. Botany，2008，86：185-193.

［10］虞娟，林航，高炎，等. 泡叶藻多糖的提取及其抗氧化活性研究［J］.广东化工，2016，43（14）：18-20.

［11］丁立孝，林成彬. 海带的奥妙［M］. 日照：山东结晶集团股份有限公司，2016：8-12.

［12］赵学武，徐鹤林.关于马尾藻代替部分粮食和矿物质饲喂肉鸡的探讨［J］.青岛海洋大学学报，1990，20（1）：86-91.

［13］潘鲁青，张涛.海藻磨碎液饲育中国对虾幼体实验［J］.海洋科学，1997，2：3-5.

［14］崔征，李玉山，肇文荣.中药海藻及数种同属植物的药理作用［J］.中国海洋药物，1997，（3）：5-8.

［15］李来好，杨贤庆，吴燕燕.马尾藻的营养成分分析和营养学评价［J］.青岛海洋大学学报，1997，27（3）：319-325.

［16］张金荣，唐旭利，李国强. 浒苔化学成分研究［J］. 中国海洋大学学报，2010，40（5）：93-95.

［17］吉宏武，赵素芬. 南海3种可食绿藻化学成分及其营养评价［J］. 湛江海洋大学学报，2005，25（3）：19-23.

［18］郑柏林，王筱庆，海藻学［M］.北京：中国农业出版社，1961.

第四章

海藻肥的分类与品种

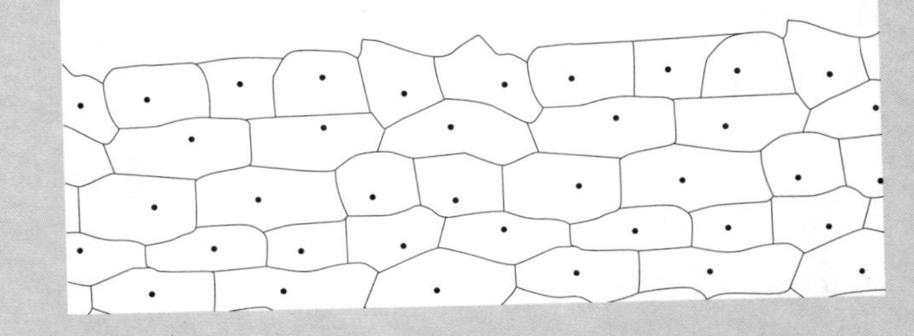

第一节 概述

以海藻肥为代表的新型肥料能提供植物生长需要的营养物质，并且通过物理、化学或生物转化作用，使土壤和作物的营养功能得到增强，有效保证营养供应、提高作物产量、改善农产品品质、保护耕地土壤生态环境、实现节本增效。

目前市场上有多种类型的新型肥料，包括缓/控释肥料、尿素改性类肥料、水溶性肥料、微生物肥料，还有具有保水、有益元素、药肥、改善土壤结构、促生长等功能的各种功能性肥料，以及氨基酸类、腐植酸类、海藻类、甲壳素类、微生物复合缓释、纳米碳肥、黄腐酸生物肥、二氧化碳气肥等众多先进产品。

海藻类肥料是采用先进技术使海藻细胞壁破碎、内含物释放后浓缩形成的海藻精华，极大保留了海藻中丰富的矿物质和微量元素成分，还含有海藻多糖、蛋白质、氨基酸、多酚化合物以及大量植物生长调节因子，如细胞分裂素、生长素、细胞激动素、脱落酸、赤霉素、甜菜碱、多胺、异戊烯腺嘌呤及其衍生物、吲哚乙酸、吲哚化合物等，集营养成分、抗生素物质、纯天然生物刺激素于一体。海藻类肥料的独特性能包括以下几方面。

1. 营养全面

与传统肥料相比，海藻肥的营养全面，施用后作物生长均衡、增产效果显著，且极少出现缺素症。

2. 含抗病因子，肥药双效

施用海藻肥后作物的抗逆、抗病性显著增强。海藻肥中的海藻多糖及低聚糖、甘露醇、酚类多聚化合物、甜菜碱等物质具有显著的抑菌、抗病毒、驱虫等功效，可大幅增强作物的抗寒、抗旱、抗冻、抗倒伏、抗盐碱能力，对疫病、病毒病、炭疽、霜霉、灰霉、白粉病、枯萎病等产生较强的抗性。

3. 高活性成分丰富，植物易吸收

海藻中的有效成分经特殊的生产工艺处理后，呈极易被植物吸收的活性状态，使用2~3h后进入植物体内，并具有快速吸收特性（秦青，2001）。海藻特有的海藻酸、海藻多糖、高度不饱和脂肪酸等物质具有很高的生物活性，可刺激植物体内非特异性活性因子的产生。同时，海藻肥中还含有生长素、细胞分裂素、赤霉素等天然植物生长调节剂，具有很好的调节内源激素平衡的作用，施用后作物长势旺盛，产量和品质可得到明显提升。

4. 富含有机质，肥效长

海藻肥可直接施入土壤增加有机质含量，激活土壤中各种有益微生物、增加土壤的生物活力，为植物提供更多的养分。与此同时，海藻多糖形成的螯合系统可使营养缓慢释放，延长肥效。海藻肥中的海藻酸钠等化合物是天然土壤调理剂，能促进土壤团粒结构的形成、改善土壤内部孔隙空间，协调土壤中固、液、气比例，恢复土壤的天然胶质平衡，有利于根系生长、提高作物的抗逆性及抗重茬能力。

5. 天然、安全、无公害

传统化学肥料的肥效单一、污染严重，长期使用后导致土壤结构破坏。海藻肥源自天然海藻，与陆生植物有良好的亲和性，对人、畜无毒无害，对环境无污染，具有其他化学肥料无法比拟的优势。

现代海藻类肥料经过半个多世纪的发展，已经形成了较为完善的技术、产品和服务体系，是一个由国内外众多生产企业和科研机构组成的完整产业链。表 4-1 列出了国际市场上用于农业生产和园艺的海藻类肥料主要产品及生产企业。

表4-1　农业生产和园艺中使用的海藻肥产品及生产企业（Khan，2009）

产品	海藻的种类	生产企业	应用领域
Acadian	泡叶藻	Acadian Agritech	植物生长刺激剂
Agri-Gro Ultra	泡叶藻	Agri Gro Marketing Inc.	植物生长刺激剂
AgroKelp	巨藻	Algas y Bioderivados Marinos，S.A. de C.V.	植物生长刺激剂
Alg-A-Mic	泡叶藻	BioBizz Worldwide N.V.	植物生长刺激剂
Bio-Genesis™ High Tide™	泡叶藻	Green Air Products，Inc.	植物生长刺激剂
Biovita	泡叶藻	PI Industries Ltd.	植物生长刺激剂
Emerald RMA	红藻	Dolphin Sea Vegetable Company	生物肥料
Espoma	泡叶藻	The Espoma Company	植物生长刺激剂
Fartum	未知	Inversiones Patagonia S.A.	生物肥料
Guarantee	泡叶藻	MaineStream Organics	植物生长刺激剂
Kelp Meal	泡叶藻	Acadian Seaplants Ltd.	植物生长刺激剂
Kelpak	极大昆布	BASF	植物生长刺激剂

续表

产品	海藻的种类	生产企业	应用领域
Kelpro	泡叶藻	Tecniprocesos Biologicos，S.A. de C.V.	植物生长刺激剂
Kelprosoil	泡叶藻	Productos del Pacifico，S.A. de C.V.	植物生长刺激剂
Maxicrop	泡叶藻	Maxicrop USA Inc.	植物生长刺激剂
Nitrozime	泡叶藻	Hydrodynamics International Inc.	植物生长刺激剂
Profert	海洋巨藻	BASF	植物生长刺激剂
Sea Winner	浒苔、海带	China Ocean University Product Development Co. Ltd.	植物生长刺激剂
Seanure	未知	Farmura Ltd.	植物生长刺激剂
Seasol	海洋巨藻	Seasol International Pty.	植物生长刺激剂
Stimplex	泡叶藻	Acadian Agritech	植物生长刺激剂
Synergy	泡叶藻	Green Air Products，Inc.	植物生长刺激剂
Blue Energy	泡叶藻、海带	Qingdao Brightmoon Group	植物生长刺激剂 生物肥料

第二节 海藻肥的分类

我国肥料登记工作中将海藻肥统一归入“有机水溶性肥”类登记。目前，农资市场上海藻肥的种类很多，根据养分配比、物态、附加成分等，海藻肥可分为以下几大类（杨芳，2014）。

（1）按营养成分配比　添加植物所需要的营养元素制成液体或粉状海藻肥，根据其功能特性可分为：广谱型、高氮型、高钾型、防冻型、生根型、保叶型、促花型、抗病型、生长调节型、中微量元素型等。

（2）按物态　分为液体型海藻肥，如液体叶面肥、液体海藻冲施肥等；固体型海藻肥，如粉状叶面肥、粉状冲施肥、颗粒状海藻肥。另外还有不常见的悬浮剂型和膏状剂型等。

（3）按附加的有效成分　可分为含腐植酸的海藻肥、含氨基酸的海藻肥、含甲壳素的海藻肥、含稀土元素的海藻肥等。

（4）海藻菌肥　也称海藻微生物肥，是直接利用海藻或海藻中活性物质提取后的残渣，通过微生物发酵制成的产品。

（5）按施用方式

①叶面肥：用于叶面喷施。

②冲施肥：用于浅表层根部施肥。

③浸种、拌种、蘸根海藻肥：将海藻肥按一定倍数稀释，用稀释液浸泡种子或拌种，浸泡过的种子阴干后即可播种。在幼苗移栽、扦插时用海藻肥稀释液浸渍苗、插条茎部。

④滴灌海藻肥：通过滴灌施肥。

⑤基肥：颗粒、粉状、有机肥、复混海藻肥。

（6）海藻生物有机肥、有机 - 无机复混肥　青岛明月蓝海生物科技有限公司以泡叶藻原渣经三重生物发酵精制成的生物有机肥在行业内已得到认可，明月集团的海藻生物有机 - 无机复混肥料也已广泛应用于众多作物上。

（7）按照海藻的使用量　可分为三大类以海藻或海藻活性物质为主要原料产品、以海藻或海藻活性物质为主要辅料产品、含或添加海藻或海藻活性物质的产品。目前，以海藻或海藻活性物质为主要原料的产品比较少，这类产品中海藻成分的添加量需要超过 10%；以海藻或海藻活性物质为主要辅料的产品也不多，这类产品的海藻成分添加量一般在 3% 以上；海藻成分含量在 1%~3% 的属于含或添加海藻或海藻活性物质的产品。一般来说，海藻成分添加量越高的产品价格越高、效果越好。

图 4-1 是海藻肥的分类示意图。

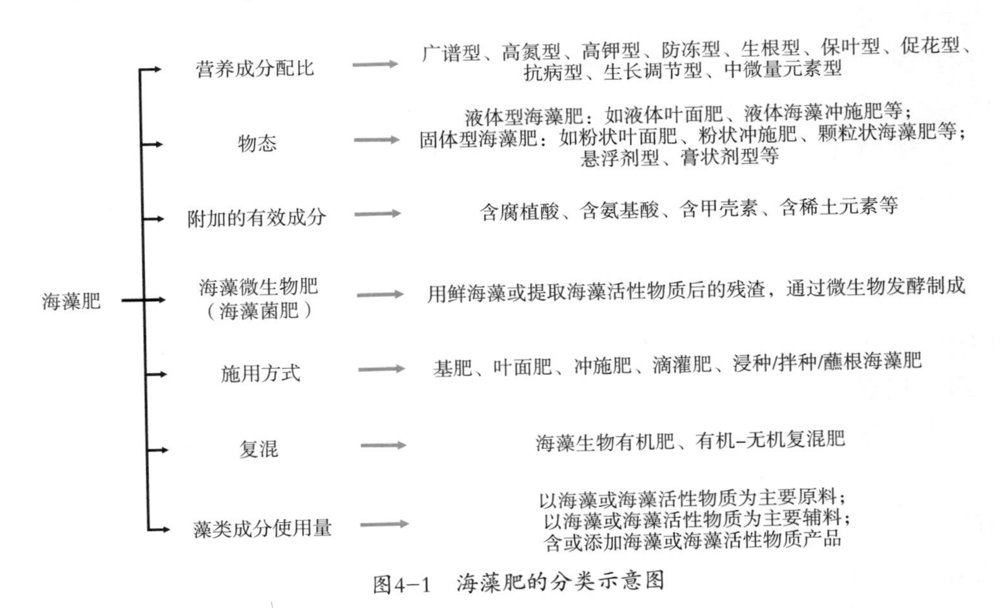

图4–1　海藻肥的分类示意图

第三节　海藻肥的主要品种

按照市面上常见的产品进行分类，海藻肥包括以下几个主要的品种。

（1）海藻有机肥

（2）海藻有机 - 无机复混肥

（3）海藻精

（4）海藻生根剂

（5）海藻叶面肥

（6）海藻冲施肥

（7）海藻微生物肥料

一、海藻有机肥

有机肥料标准 NY 525—2012 规定：有机质的质量分数（以烘干基计）/（%）≥ 45，总养分（$N+P_2O_5+K_2O$）的质量分数（以烘干基计）/（%）≥ 5.0，水分（鲜样）的质量分数 /（%）≤ 30，酸碱度（pH）5.5~8.5。

国内外已经进行的大量田间试验结果表明各种有机肥有增产效果，但是不少短期的田间试验结果表明，有机肥料的当季增产效果远不及等量养分含量的化学肥料增产效果明显（孔令聪，2004；马俊永，2007）。从长期田间试验效果来看，化学肥料的增产效果逊于有机肥料（Jenkison，1994）。有机肥料对作物的增产作用主要在于对作物所需养分的持续供给，在改善土壤氮元素供应方面与化肥有较大的区别。化肥可以迅速提高土壤碱解氮含量，并且在一定水平上使之保持相对稳定，而有机肥对于土壤碱解氮的增长贡献相对缓慢，但是会逐年增长。有机肥处理土壤 5 年后，土壤碱解氮含量超过化肥处理的（唐继伟，2006）。

海藻有机肥是以天然海藻为原料开发的一种新型肥料，在作物上表现出独特的功效，成为绿色、无公害、有机农产品的首选肥料，具有巨大的应用、推广以及发展空间。海藻有机肥能帮助植物建立健壮强大的根系，促进植物对土壤养分与水分的吸收利用，可以增大植物茎秆的维管束细胞，加速水、养分与光合产物的运输，促进植物细胞分裂，延迟植物细胞衰老，增加植物叶绿素含量，有效提高光合效率，增加产量，提升品质，增强作物抗旱、抗寒等多种抗逆功能，还能增加土壤孔隙度，提高土壤保水保肥能力。

在土壤中，海藻肥中的海藻酸与金属离子结合后形成一种分子量倍增的交联高分子盐，这种高分子盐与水分子结合后能牢牢保持住水分。海藻肥含有的酶类可促进土壤中有效微生物的繁殖，对改良土壤结构、增加土壤肥力、减轻农药和化肥对土壤的污染都是十分有利的（周二峰，2007）。

在海藻加工过程中，提取出海藻酸后残留的海藻渣含有丰富的有机质及大量的微量元素，是制备优质海藻有机肥的原料。表 4-1 所示为海藻酸提取过程中产生的海藻废渣中粗蛋白和粗纤维的含量，消化后的海藻渣和鼓泡漂浮分离后的细渣中不但粗纤维含量高，其粗蛋白含量高达 20%。进一步分析显示，海藻渣中生物必需的微量元素分别达到：Cu3.21mg/kg、Zn10.43 mg/kg、Mn 17.10 mg/kg、Fe140.90 mg/kg、Ca0.43%、Mg0.24%、K0.055%、P0.030%（秦益民，2008）。这些海藻渣添加一定辅料后通过发酵腐熟后制得海藻有机肥，施入土壤后能明显改善土壤理化性状，增强土壤的保水、保肥、供肥性能，提高作物抗逆能力。海藻有机肥富含植物生长所需的 N、P、K 等大量元素以及多种中微量元素，能迅速提升作物品质。与此同时，海藻有机肥的原料稳定，天然、绿色、无残留，是生产有机绿色食品的首选肥料。

表4-1　提取海藻酸过程中产生的海藻废渣中粗蛋白和粗纤维的含量

样品	粗蛋白/%	粗纤维/%
消化后的海带根	13.8	74.7
消化后的海带茎	3.9	45.7
消化后的海带渣	19.8	52.4
放置风化后的海带渣	21.8	71.6
海带漂浮渣	18.9	57.7

目前市场上常见的海藻有机肥剂型包括：颗粒、粉剂、液体。图 4-2 是几种海藻有机肥剂型。

在施用海藻有机肥时，农业生产上常见的方法包括沟施、穴施、撒施等，液体有机肥的施用包括冲施、喷施等方法。图 4-3 是几种海藻有机肥施用方法。

二、海藻有机 - 无机复混肥

目前有机 - 无机复混肥料的新标准 GB 18877—2009 替代了之前的 GB 18877—2002。与旧标准相比，新标准在养分、水分含量以及肥料颗粒方面均

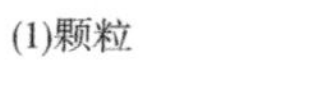

(1)颗粒　　(2)粉剂　　(3)液体

图4-2　海藻有机肥剂型

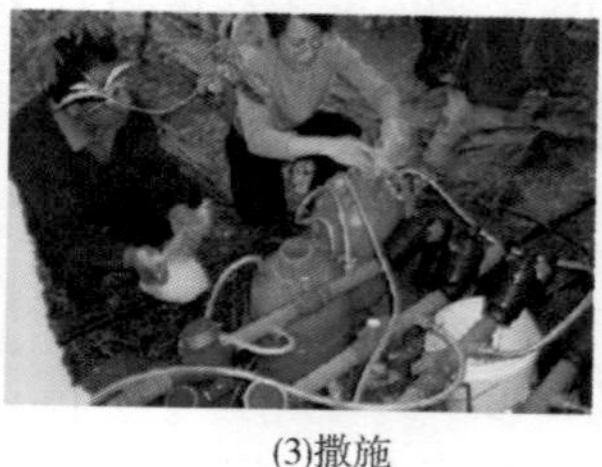

(1)沟施　　(2)穴施　　(3)撒施

图4-3　海藻有机肥施用方法

有不同的规定。新标准将有机 - 无机复混肥料产品分为 I 型和 II 型。I 型总养分（$N+P_2O_5+K_2O$）的质量分数≥ 15%，有机质的质量分数≥ 20%；II 型总养分（$N+P_2O_5+K_2O$）的质量分数≥ 25%，有机质的质量分数≥ 15%。

海藻有机 - 无机复混肥是以海藻渣为主要原料，通过微生物发酵进行无害化和有效化处理，并添加适量腐植酸、氨基酸或有益微生物菌，通过造粒或直接掺混而制得的商品肥料，既有无机化肥肥效快的长处，又具备有机肥料改良土壤、肥效长的特点，其中无机肥料的速效养分在有机肥的调控下，对植物供给养分呈现出快而不猛的特点。有机 - 无机复混肥具有养分供应平衡、肥料利用率高、改善土壤环境、活化土壤养分等特性，对农作物产生生理调节作用，速效高效、提高作物产量、促茎粗壮、控制徒长、抗倒伏。与此同时，有机肥的缓效性养分能保证对植物养分的持久供给，实现缓急相济、均衡稳定的肥效，可提高肥料利用率 30%~50%。

海藻有机 - 无机复混肥一般作为基肥施用，也可作为追肥、穴肥、沟肥施用，同时适合蔬菜、果树等经济作物追肥施用。图 4-4 所示为一种海藻有机 - 无机复混肥。

三、海藻精

在海藻类肥料领域，广谱叶面肥、液体冲施肥、海藻精（又称海藻提取物、海藻原粉、海藻素、海藻精华素，等）属于有机水溶肥。

图4-4 海藻有机–无机复混肥

海藻精是以海藻为原料，通过物理、化学、生物等方法提取出海藻生物体中的海藻酸、大中微量元素（N、P、K、Ca、Mg、S、Fe、Mn、Cu、Zn，等）、蛋白质、氨基酸以及对植物生理过程有显著影响的生长素、细胞分裂素、赤霉素、甜菜碱等植物生长调节物质，集植物营养物质、生物活性物质、植物抗逆因子于一体，是一种全功能海藻肥，可促进植物均衡生长，应用于种子处理至收获的多个时期，有效提高作物产量、改善农产品品质（郭艳玲，2008；刘刚，2014）。

海藻精常见的剂型有片状、粉状、微颗粒、液体等。图 4-5 所示为海藻精。

图4-5 海藻精

海藻精含有海藻生物体中的精华，在改善作物抗逆性能、提高产量、改善品质等方面均有较好的效果（王云峰，2001），其功能特点包括以下几点。

（1）促进种子萌发、提高发芽率，有利于育全苗、育壮苗。

（2）促进植物根系发育，有利于植物吸收水分、养分。

（3）活化微量元素，对抗土壤中磷酸盐对多数微量元素的拮抗作用，有利于植物对微量元素的吸收。

（4）提高植物体内多种酶的活性，增强植物代谢活动，有利于植物生长发育及均衡生长。

（5）促进花芽分化，提高坐果率，促进果实膨大并着色鲜艳，提早成熟。

（6）增强植物抗逆性能，提高植物对干旱、寒冷、病虫害等的抵抗能力。

（7）提高作物产量，改善农产品品质。

早期的海藻精在叶面喷施中起到非常好的效果，如叶面喷施泡叶藻提取液降低了辣椒被疫霉菌感染的概率；叶面喷施海藻肥减少了苹果树上红蜘蛛数量。试验证明，喷施海藻肥能促进番茄植株生长、增强根系活力、提高番茄的抗逆性（王强，2003）。通过叶面喷施海藻肥显著增加了菠菜和不结球白菜的产量，提高了品质（周英，2011）。

由于肥效显著，海藻精后来发展成了一种冲施肥，与叶面施用一样起到非常理想的效果，除增产外，对土壤中的线虫有防治作用，用海藻精处理后的作物线虫感染率明显下降（Wu，1997）。海藻精也被作为激发子，用于激发作物自身抗病菌的侵染系统，如在被终极腐霉菌侵染的卷心菜上使用海藻精抑制了病菌的生长（Dixon，2002）。

四、海藻生根剂

根系是作物的营养器官，其从土壤吸收的水分和养分通过根的维管组织输送到植物组织的地上部分，在作物生长发育和产量形成过程中起到非常重要的作用。正因为根系是作物生长的基础和关键所在，养根、护根变得十分重要，生根类产品在新型肥料领域也运用得越来越广泛。然而，生根剂类品种繁多、良莠不齐，特别是一些以植物生长调节剂为主要成分的产品，使用不当会引起作物“只长根，不长果”，严重时出现早衰现象。

海藻生根剂是以泡叶藻等海藻为原料制备的海藻原液，富含丰富的海洋活性物质，是一种集生根、养根、护根、壮根、壮苗于一体的作物生长调节产品。农业生产上常规用法是加水稀释后用来冲施、蘸根、浸苗、灌根等。图 4-6 所示为海藻生根剂的施用。

作为海藻类肥料的一个主要品种，海藻生根剂富含海藻中特有的海洋活性成分和多种天然植物生长调节物质及微量元素，具有促进根系生长、增强植株抗逆能力、提高产量和品质等功效。此外，产品还复配部分中微量元素，以及甲壳素、海藻酸、氨基酸、腐植酸等有机养分或各种复合微生物，使用过程中既起到促进根系生长、增强根系吸收能力、调控植株长势的作用，又可补充土壤养分、调理土壤。

海藻生根剂对种子萌发、植株生长有显著促进作用。有试验证明，选择合

图4-6 海藻生根剂的施用

理的浓度、合适的方式灌根，施用海藻生根剂对黄瓜幼苗形态及根系生长均具有促进功效（于成志，2015）。

五、海藻叶面肥

通常情况下植物主要通过根系吸收土壤或营养液中的营养，供给自身生长发育。除了根系，植物的茎和叶，尤其是叶片也可以吸收各种养分，且吸收效果比根系更好。以作物叶面吸收为途径，将植物需要的肥料或营养成分按比例制成一定浓度的营养液，用于叶面施肥的肥料称为叶面肥（王少鹏，2015）。叶面肥属于根外肥。

叶面肥相对传统的土壤施肥是一种灵活、便捷的施肥方式，是构筑现代农业“立体施肥”模式的重要元素。高产、优质、低成本是现代农业的主要目标，要求包括施肥在内的一切技术操作经济易行。顺应这个时代潮流，叶面施肥逐渐成为农业生产中一项重要的施肥技术（李燕婷，2009）。

含海藻酸可溶性叶面肥是以海藻为主要原料加工制成的一种黑褐色无臭新型液体肥料，其主要成分是海藻酸等海藻活性物质，以及植物必需的大中微量元素、营养物质和活性成分（石其伟，2015）。新型海藻叶面肥喷施于作物后表现出很好的肥效，对农作物提早成熟、提高产量、改善品质等均有明显作用，可使作物增产 10%~30%（陶龙红，2006）。作物大部分生育期都可进行叶面施肥，尤其是植株长大封垄后不便于根部施肥，而叶面施肥基本不受植株高度、密度的影响。叶面施肥不仅养分利用率高、用肥量少，还可与农药、植物生长调节剂及其他活性物质混合使用，既可提高养分吸收效果、增强作物抗逆性，又能防治病虫害，从而降低用工成本、节约农业生产投资。

1. 海藻叶面肥的种类

根据其使用功效和主要成分，海藻叶面肥可分为六大类。

（1）营养型　此类叶面肥包含植物生长发育所需的各种营养元素，如N、P、K等大量元素及各种中微量元素，为植物生长提供各种营养，能有效、快速地补充植物的营养，改良植物的缺素症。

（2）调节型　此类叶面肥有促进植物生长发育的功效，除营养成分和海藻活性物质外，还添加吲哚乙酸、赤霉素、萘乙酸等植物生长调节剂，在植物苗期到开花期的应用效果显著。

（3）生物型　此类叶面肥中含有微生物，如与作物共生或者互生的有益菌群，或包含其代谢产物，如氨基酸、维生素、核苷酸、核酸类物质。这类叶面肥的主要功能有刺激作物生长、促进作物代谢、减轻和预防病虫害的发生。

（4）复合型　此类叶面肥的种类繁多、复合混合形式多样，凡是植物生长发育所需的营养元素均可加入。根据添加的成分，其功能有很多种，既可提供营养，又可刺激生长调节发育。

（5）肥药型　此类叶面肥除加入营养成分外，还添加一定成分的杀菌剂、杀虫剂或植物抗病物质，在提供营养的同时提高植物的抗病能力。这类叶面肥不仅能促进作物的生长发育，还能控制、减少病虫害的发生。

（6）其他类型　如天然汁液型叶面肥、稀土型叶面肥等。

2. 海藻叶面肥的功能特点

（1）养分吸收快，肥效好　土壤施肥后，各种营养元素首先被土壤吸附，有的肥料还必须在土壤中经过一个转化过程后通过离子交换或扩散作用被作物根系吸收，通过根、茎的维管束到达叶片，其中的养分输送距离远、速度慢。叶面施肥过程中各种养分很快被作物叶片吸收，直接从叶片进入植物体后参与作物的新陈代谢，其吸收速度和肥效都比土壤施肥快，比根部吸肥的速度快1倍左右。

如图4-7所示，与普通肥料相比，海藻叶面肥中的海藻酸盐可以降低水的表面张力，在植物叶子表面形成一层薄膜，有效增大接触面积，便于水或水溶性物质透过叶子表面阻隔结构进入细胞内部，使植物充分有效吸收养分。

（2）针对性强，可解决农业生产中的一些特殊问题　叶面施肥可及时补充苗期和生长后期由于根部不发达或根系功能衰退而导致的养分吸收不足，起到壮苗、增产的作用。黄瓜喷施含海藻酸可溶性叶面肥后，可促进生长发育、延迟采收末期，每亩平均产量比对照提高15%。在盐碱、干旱等环境下，根部养分吸收受到抑制，叶面喷施肥料展示出良好的效果（Alkier，1972）。在植物生

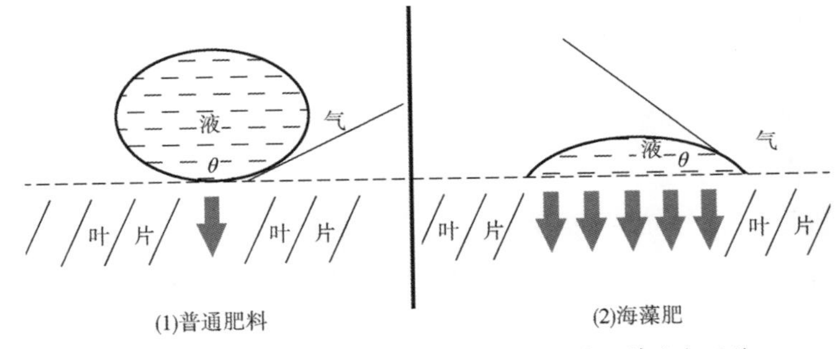

图4-7　海藻肥可降低水的表面张力、促进肥料均匀吸收

长过程中，喷施生长所缺乏的营养元素可及时矫正或改善作物缺素症，如果采用根部施肥提供 B、Mn、Mo、Fe 等微量元素肥料，通常需要较大的用量才能满足作物的需要，而叶面施肥集中喷施在作物叶片上，通常只需用土壤施肥的几分之一或十几分之一就可以达到满意的效果（Kaya，1999）。

（3）养分利用率高，肥料用量少，环境污染风险小　土壤施肥中养分的利用受土壤温度、湿度、盐碱、微生物等多种因素影响，而叶面施肥过程中养分不经过土壤作用，避免了土壤固定和淋溶等损失，提高了养分利用率，一般土壤施肥当季氮利用率只有 25%~35%，而叶面施肥在 24h 内即可吸收 70% 以上（VasilasL，1980），肥料用量仅为土壤施肥的 1/10~1/5（Rodney，1952），使用得当可减少 25% 左右的土壤施肥量，一定程度上降低了由于大量施肥导致的土壤和水源污染。

（4）使用方法简便、经济　叶面肥的施用不受作物生育期影响，操作简单，可节约劳动力和农业生产投资，降低农产品生产成本。

六、海藻冲施肥

冲施肥是随水浇灌的肥料，与叶面肥类似，属于追施肥的一种。从肥料使用的角度来看，作物吸收养分主要依靠根系，距根尖 1cm 左右的根毛区是吸收养分最活跃的区域。根系吸收养分主要通过截获、质流和扩散的方式，其中质流是通过作物的水分蒸腾作用，使土壤中的水大量流向作物的根系，形成的质流使土壤溶液中的养分随着水分的迁移流到根的表面后被根吸收。扩散是作物根系不断吸收土壤中非流动性的养分，使根际附近的养分浓度相对低于土体其他部分，导致土体内的养分浓度与根表面土壤之间产生养分浓度差，养分由高浓度向低浓度根表面迁移后被根吸收。

海藻冲施肥符合科学施肥原理，既把肥料溶解在水中，能够通过截获、质流和扩散方式被作物吸收，又可防止干撒肥料造成的烧苗等副作用。实际应用中，冲施肥既给作物施了肥，又浇了水，是一种水肥一体化技术的运用。

1. 海藻冲施肥的种类

（1）按照使用方式分类

①冲施肥原粉：冲施肥原粉是各种营养成分，如N、P、K等中微量元素、海藻活性物质的高倍浓缩物。500g原粉可以直接兑水制成20kg的冲施肥，避免了水剂液态肥料养分的流失与分解，有效降低了包装成本、运输费用和农业生产费用，提高了可操作性、实际效果和经济效益，更有利于农业增产和农民增收。

②冲施肥成品：用原粉和肥料添加剂生产的成品，市面上大部分普通冲施肥均在此列。

（2）按照成分分类

①大量元素类：包括N、P、K这三种营养元素中的一种或多种，均可溶于水。一般667m^2使用量为几千克到十几千克。这类冲施肥是最主要的冲施肥，生产量最大、使用量最多，可与多种其他类型的冲施肥混合使用。

②大量元素加中微量元素类：在大量元素型冲施肥的基础上添加Ca、Mg、S、Zn、B、Fe、Mn、Cu、Mo、Cl等元素，也可以是几种的复合，均溶于水，且不可起反应，不能产生沉淀，667 m^2施用量为几千克到几十千克。这类冲施肥补充了微量元素，比单独大量元素肥料效果好，对于增产和改善品质效果好。但此类冲施肥在复配时具有一定的技术要求，要采用配合技术和螯合技术，避免沉淀问题和肥料的拮抗问题。

③微量元素类：以Zn、B、Fe、Mn、Cu、Mo、Cl等营养元素为主的微量元素冲施肥，一般为几种混合复配，其添加一定的螯合剂，以便植物的吸收利用，减少被土壤吸附和固定，一般667m^2施用量在几百克到几千克之间。这类肥料在植物出现缺素症状时施用效果较好。

④氨基酸类：以多种氨基酸为主要原料，一般是工业副产物氨基酸，或由毛发、废皮革水解制成的氨基酸，为提高效果，一般加入多种微量元素，由于其酸性较强，因此，适用于弱碱性或者中性的土壤，667m^2使用量为十几千克到几十千克，施用于植物营养最大效率期效果最好。

⑤腐植酸类：是以风化煤为主要原料经酸化、碱化提取制成的一种肥料。为增强效率，一般添加大量元素，由于其为碱性，可施用于偏酸性土壤。667m^2

使用量为几千克到几十千克。此类肥料对于改良土壤、增加植物抗旱性效果较好。

⑥其他类：包括甲壳素类、其他有机质类、工业发酵肥类、菌肥类、黄腐酸肥料等，它们均有增产效果，可作为冲施肥。这类肥料一般作为特殊需要的冲施肥，如改善作物品质，增强作物对不良环境的抗性等。

（3）按照剂型分类

按照物理状态，海藻冲施肥可以分为桶装水剂、桶装膏状、袋装粉剂和袋装颗粒等剂型。

2. 海藻冲施肥的功能特点

海藻冲施肥是以海藻为主要原料加工制成的生物肥料，不仅含有有机质、大量元素、植物生长所必需的氨基酸和植物生长调节物质等活性成分，还含有从海藻中提取的有利于植物生长发育的多种天然活性物质和海藻从海水中吸收并富集的矿物质营养元素以及植物生长所必需的Ca、Mg、Cu、Fe、Zn、B、Mo等中微量元素，其主要功能体现在以下几个方面。

（1）激活细胞繁殖再生能力、活化生理机能、增强光合作用、促进植株健壮、促进根系发达、提高坐花坐果率、减少畸形果的出现、促进果实膨大和果实大小均匀，使果实提早上市、延长采摘收获期。江海等（江海，2008）研究发现，利用海藻冲施肥冲施番茄可以明显促进番茄生长，单株结果数增加2个，单果重提高3.4~4.7g。田间大区对比试验结果表明，黄瓜在当地习惯施肥基础上施用海藻酸可溶性肥料，平均单瓜鲜重、瓜长和瓜粗分别提高9.2%、6.1%和4.0%，增产5.2%（申婷，2013）。

（2）有机质含量丰富，活化土壤，培肥地力，抗盐碱，增强作物抗寒、抗热、抗旱、抗涝、抗病、抗冻能力。

（3）增加植物所需要的营养、提高肥料利用率、肥效持久、促进根部吸收土壤中的水分及养分，增产效果显著并能改善产品品质。高成功等（高成功，2013）研究发现，施用海藻冲施肥对西瓜的产量和品质有较大影响，一般可增产10%左右，并提高西瓜的含糖量和维生素C含量，减少西瓜瓤中心糖和边缘糖的递减梯度。张晓雷（张晓雷，2013）等研究发现，海藻冲施肥能促进韭菜的植株营养体生长发育，叶绿素、可溶性糖类等品质指标的含量有所提高，产量和品质显著提升。

（4）内含丰富的海藻活性物质，可激活土壤有益菌群、提高肥料利用率、打破土壤板结、促进根系生长，并能降低有毒物质残留。

（5）养分全面、溶解快、不留杂质、见效快，效果明显。

七、海藻微生物肥料

微生物肥料是以微生物的生命活动导致作物得到特定肥效的一种生物制品，是农业生产中一种常用的肥料，在我国已有近 50 年的应用历史。从根瘤菌剂、细菌肥料到微生物肥料，这类肥料在名称上的演变从一定程度上体现了我国生物肥料逐步发展的历程。海藻微生物肥料以海洋中的海藻为培养基，实现了海洋生物与现代农业的黄金组合，为我国农业生产的发展提供了双核双动力。

1. 海藻微生物肥料中微生物的常见种类及其功能

（1）枯草芽孢杆菌　对致病菌或内源性感染的条件致病菌有明显的抑制作用。

（2）巨大芽孢杆菌　解磷（磷细菌），具有很好的降解土壤中有机磷的功效。

（3）胶冻样芽孢杆菌　解磷，释放出可溶 P、K 元素及 Ca、S、Mg、Fe、Zn、Mo、Mn 等中微量元素。

（4）地衣芽孢杆菌　抗病、杀灭有害菌。

（5）苏云金芽孢杆菌　杀虫（包括根结线虫），对鳞翅目等节肢动物有特异性的毒杀活性。

（6）侧孢芽孢杆菌　促进植物根系生长、抑菌及降解重金属。

（7）胶质芽孢杆菌　有溶磷、释钾和固氮功能，分泌多种酶，增强作物对一些病害的抵抗力。

（8）泾阳链霉菌　具有增强土壤肥力、刺激作物生长的能力。

（9）菌根真菌　扩大根系吸收面，增加对原根毛吸收范围外的元素（特别是磷）的吸收能力。

（10）棕色固氮菌　固定空气中的游离氮，增产。

（11）光合菌群　是肥沃土壤和促进动植物生长的主力部队。

（12）凝结芽孢杆菌　可降低环境中的氨气、硫化氢等有害气体，提高果实中氨基酸含量。

（13）米曲霉　使秸秆中的有机质成为植物生长所需的营养，提高土壤有机质、改善土壤结构。

（14）淡紫拟青霉　对多种线虫都有防治效能，是目前防治根结线虫最有前途的生防微生物。

2. 海藻微生物肥料的功能特性

海藻微生物肥料中的多种有益菌群协同作用，可使作物达到高产丰产的效果，有以下的功能特性。

（1）促进作物快速生长　菌群中的巨大芽孢杆菌、胶冻样芽孢杆菌等有益微生物在代谢过程中产生大量的植物内源酶，可明显提高作物对 N、P、K 等营养元素的吸收率。

（2）调节生命活动，增产增收　菌群中的胶冻样芽孢杆菌、侧孢芽孢杆菌、地衣芽孢杆菌等有益菌可促进作物根系生长、须根增多。有益微生物菌群代谢产生的植物内源酶和植物生长调节剂经由根系进入植物体内，促进叶片光合作用，调节营养元素向果实流动，膨果增产效果明显。与施用化肥相比，在等价投入的情况下可增产 15%~30%。

（3）果实品质明显提高　菌群中的侧孢芽孢杆菌、枯草芽孢杆菌、凝结芽孢杆菌等可降低植物体内硝酸盐含量 20% 以上，能降低重金属含量，使果实中维生素 C 含量提高 30% 以上，可溶性糖提高 2~4 度。乳酸菌、嗜酸乳杆菌、凝结芽孢杆菌、枯草芽孢杆菌等可提高果实中必需氨基酸（赖氨酸和蛋氨酸）、维生素 B 族和不饱和脂肪酸等的含量，果实口感好、耐贮藏、售价高。

（4）分解有机物质和毒素，防止重茬　菌群中的米曲菌、地衣芽孢杆菌、枯草芽孢杆菌等有益微生物能加速有机物质的分解，为作物制造速效养分、提供动力，能分解有毒有害物质，防止重茬。

（5）增强抗逆性　菌群中的地衣芽孢杆菌、巨大芽孢杆菌、侧孢芽孢杆菌等有益微生物可增强土壤缓冲能力，保水保湿，增强作物抗旱、抗寒、抗涝能力，同时侧孢芽孢杆菌还可强化叶片保护膜，抵抗病原菌侵染，抗病、抗虫。

基于以上功能菌的特点，海藻微生物肥料有以下的功能。

（1）提高化肥利用率　随着化肥的大量使用，其利用率不断降低已是众所周知的事实，现代农业生产已经不能仅靠大量增施化肥来提高作物产量。化肥的应用还存在污染环境等一系列问题，因此世界各地都在努力探索提高化肥利用率，寻找平衡施肥、合理施肥以克服其弊端的途径。海藻微生物肥料在解决这个问题上有独特的作用，采用微生物肥料与化肥配合施用，既能保证增产，又减少了化肥使用量、降低成本，同时还能改善土壤及作物品质，减少污染。

（2）生产绿色、安全、高品质的农产品　人民生活水平的不断提高提升了人们对生活质量的要求，对绿色农业及安全、无公害的绿色食品形成巨大的市场需求。生产绿色食品要求不用或尽量少用化学肥料、化学农药和其他化学物质，要求肥料必须首先保护和促进施用对象生长和品质提升，同时不造成施用对象产生和积累有害物质，对生态环境无不良影响。海藻微生物肥料符合了以上几个绿色生态原则，不但缓和或减少农产品污染，还能改善农产品品质。

（3）改良土壤　海藻微生物肥料中的有益微生物能产生糖类物质，与植物黏液、矿物胚体和有机胶体结合在一起，可改善土壤团粒结构、增强土壤的物理性能、减少土壤颗粒的损失，还能参与腐殖质形成，有利于提高土壤肥力。

第四节　小结

海藻类肥料主要以海洋中的多种海藻为原料，根据农业生产对肥料的很多个性化需求，以众多产品类型服务农业生产。经过半个多世纪的创新发展，海藻类肥料已经形成以海藻有机肥、海藻有机-无机复混肥、海藻精、海藻生根剂、海藻叶面肥、海藻冲施肥、海藻微生物肥料等为代表的产品体系，利用海藻中富含的海藻酸、蛋白质、氨基酸、植物生长调节物质以及多种大中微量元素促进作物生长发育、提高产量、改善品质，产生显著的经济和生态效益。

参考文献

[1] Alkier A C, Racz G J, Soper R J. Effects of foliar- and soil-applied nitrogen and soil nitrate-nitrogen level on the protein content of neepawa wheat[J]. Canadian Journal of Soil Science, 1972, 52: 301-309.

[2] Dixon G R, Walsh U F. Suppressing Pythiumultimum induced damping off in cabbage seedlings by bio-stimulation with proprietary liquid seaweed extracts managing soil-borne pathogens: a sound rhizosphere to improve productivity in intensive horticultural systems[D]. Canada: Proceedings of the XXVIth International Horticultural Congress, 2002.

[3] Jenkison D S, Continuity in agricultural research benefits for today and lessons for the future[J]. J Roy Agric Soc Engl, 1994, 155: 130-139.

[4] Kaya C, Higgs D, Burton A. Foliar application of iron as a remedy for zinc toxic tomato plants[J]. Journal of Plant Nutrition, 1999, 22 (12): 1829-1837.

[5] Khan W, Rayirath U P, Subramanian S, et al. Seaweed extracts as biostimulants of plant growth and development. J Plant Growth Regul, 2009, 28: 386-399.

[6] Rodney D R. The entrance of nitrogen compounds through the epidermis

of apple leaves [J] . Proceedings of the America Society for Horticultural Science, 1952, 59: 99-102.

[7] Vasilas B L, Legg J O, Wolf D C. Foliar fertilization of soybeans: absorption and translocation of 15 N-labelled urea [J] . Agronomy Journal, 1980, 72: 271-275.

[8] Wu Y, Jenkins T, Blunden G, et al. Suppression of fecundity of the root knot nematode, *Meloidogyne javanica* in monoxenic cultures of *Arabidopsis thaliana* treated with an alkaline extract of *Ascophyllum nodosum* [J] . Journal of Applied Phycology, 1997, (10): 91-94.

[9] 秦青，张文举，张涛. 海藻有机肥的研究进展 [J] . 中国农学通报，2001，(01): 46-47.

[10] 杨芳，戴津权，梁春蝉，等. 农用海藻及海藻肥发展现状 [J] . 福建农业科技，2014，(3): 72-76.

[11] 孔令聪，曹承富，汪芝寿，等. 长期定位施肥对砂姜黑土肥力及生产力的影响研究 [J] . 中国生态农业学报，2004，(02): 107-109.

[12] 马俊永，李科江，曹彩云，等. 有机-无机肥长期配施对潮土土壤肥力和作物产量的影响 [J] . 植物营养与肥料学报，2007，(02): 236-241.

[13] 唐继伟，林治安，许建新，等. 有机肥与无机肥在提高土壤肥力中的作用 [J] . 中国土壤与肥料，2006，(03): 44-47.

[14] 周二峰，宋秀红，胡国强，等.天然有机海藻肥的功效及应用前景 [J] . 安徽农业科学，2007，(09): 2671-2775.

[15] 秦益民，刘洪武，李可昌. 海藻酸 [M] . 北京：中国轻工业出版社，2008.

[16] 郭艳玲，乔振杰，郭昌春，等. 海藻肥对蔬菜种子萌发的影响 [J] . 安徽农学通报，2008，(14): 68-69.

[17] 刘刚，侯桂明，刘军，等. 海藻肥对大棚洋香瓜产量和品质的影响 [J] . 山东农业科学，2014，46 (10): 81-82.

[18] 王云峰，石伟勇，潘超君. 海藻液体肥肥效的研究 [J] . 东海海洋，2001，(03): 43-47.

[19] 王强，石伟勇. 海藻肥对番茄生长的影响及其机理研究 [J] . 浙江农业科学，2003，(02): 19-22.

[20] 周英，陈振德，王海华，等. 海藻叶面肥对菠菜和不结球白菜产量和品质的影响 [J] . 中国土壤与肥料，2011，(01): 69-72.

[21] 于成志，杨延杰. 海藻生根剂施用方式对黄瓜幼苗生长的影响 [J] .辽宁农业科学，2015，(04): 8-11.

[22] 王少鹏，洪煜丞，黄福先，等. 叶面肥发展现状综述 [J] . 安徽农业科学，2015，43 (4): 96-98.

[23] 李燕婷，李秀英，肖艳，等. 叶面肥的营养机理及应用研究进展 [J] . 中国农业科学，2009，42 (1): 162-172石其伟. 含海藻酸可溶性叶面肥在

黄瓜上的应用效果［J］. 浙江农业科学，2015，56（7）：1007-1008.
［24］陶龙红，王友好，房传胜. 新型海藻叶面肥在作物上的应用效果［J］. 安徽农业科学，2006，34（15）：3755-3756.
［25］江海，路娟，郑毅. 番茄施用含海藻酸水溶肥料的研究［J］. 河北农业科学，2008，12（6）：52-53.
［26］申婷，胡蕾，刘忠良. 黄瓜施用海藻酸可溶性肥料的效果［J］. 浙江农业科学，2013，（06）：12-16.
［27］高成功，范翠兰，张晓雷，等. 海藻冲施肥对西瓜产量和品质的影响［J］. 安徽农业科学，2013，41（6）：2450-2451.
［28］张晓雷，高成功，陈光，等. 海藻冲施肥对韭菜产量和品质的影响［J］. 安徽农业科学，2013，41（9）：3840-3856.

第五章

海藻肥的制备技术

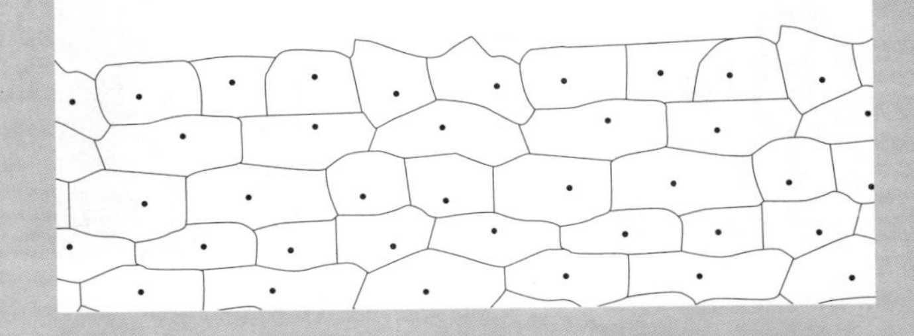

第一节 概述

图 5-1 所示为海藻的显微结构。作为一种海洋源简单植物，海藻的生物组织是细胞通过细胞外胶状基质连接起来的，是高度亲水的一种生物质体，缺少陆地植物和动物中常见的更为高等、复杂的细胞外基质。通过细胞外基质、细胞壁的分解破裂，海藻细胞内的细胞质成分被释放出来，与降解后的基质成分一起组成海藻肥的主要活性成分。从这个角度看，从海藻到海藻肥的加工过程是一个海藻生物质的降解过程，通过降解促进其活性成分的释放和形成，产生对植物生长的刺激作用。目前，国内外海藻类肥料制品为了尽可能保留海藻中的天然有机成分，同时便于运输和储存，均采用先进技术将生产过程中得到的海藻提取物制成液体状态的肥料，其加工过程涉及的步骤包括：海藻的筛选、海藻细胞壁破碎、内容物释放、浓缩成海藻精浓缩液，此过程可以极大地保留海藻的天然活性成分。

生产海藻肥的第一个工艺环节是海藻种类的筛选和原料的供应。在目前用于海藻肥生产的泡叶藻、海带、马尾藻、极大昆布、浒苔等几种主要的海藻中，除了海带可以大规模人工养殖外，其他几种海藻均依赖于天然野生资源。为了保证产业的健康发展，以可持续的方式收获野生大型海藻是海藻类肥料长期发展的关键（Ugarte，2012）。大型海藻既可以用手工方式或者用手持器具的方式，也可以用机械化作业的方式采集。手工采集对生态环境造成的危害最小，与此相反，大规模机械化收获野生海藻的方式对海洋生态环境会造成威胁，

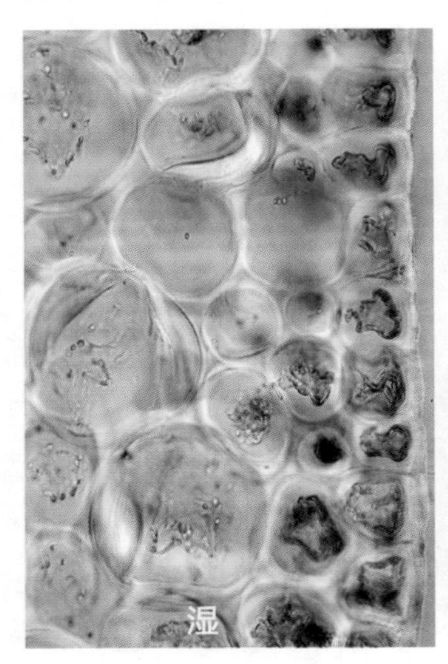

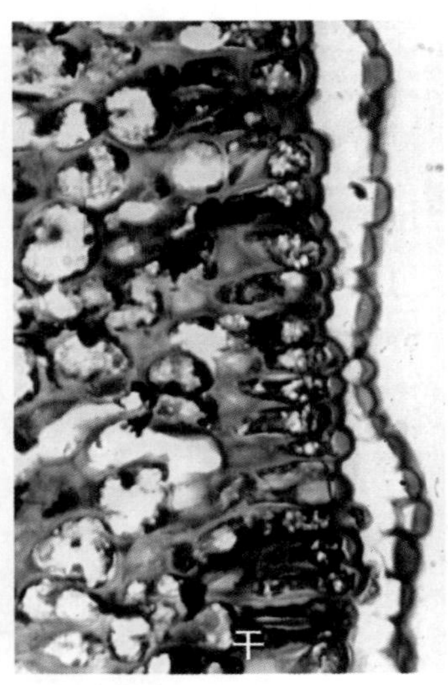

图5-1　海藻的显微结构

严重影响产业的可持续发展。目前，机械化采集海藻在英国和爱尔兰是法律禁止的（Roberts，2012），而在加拿大、法国、挪威、美国是允许的。在英国，泡叶藻是手工采集的，收获过程中留下约 15cm 的茎以促进海藻的再生长，在挪威一般留下 10cm（Meland，2012），这样的采集方式可以保证持续地每隔 4 年进行一次采集。图 5-2 所示为从海洋中收获野生海藻。

图5-2　野生海藻的采集

北大西洋的气候环境适合海藻生长，其周边国家的海岸线均有大量的野生海藻资源，其中英国的海藻资源主要集中在苏格兰地区，约有 1000 万吨存量，每年可持续利用的量为 130000~180000t（Kelly，2008）。爱尔兰沿海的野生海藻总量约为 300 万吨，每年收获 3.6 万吨（Morrissey，2011），而目前英国只加工利用苏格兰沿海 6000t 的海藻（Lewis，2011）。

在法国和挪威，海藻的收获是受到严格管制的，每年允许发放很少几个合法执照。挪威对野生海藻的管理非常严格，经过采集的区域在下次采集前的 6 年中必须休耕。目前，美国和欧洲的环保机构都在对野生海藻的采集进行生态环境方面的评价，尤其是从整个生物链的角度考虑收获海藻对鱼、虾、蟹、贝类生长环境的影响。

总的来说，尽管世界各地有非常丰富的野生海藻资源，鉴于其在生态系统中扮演的重要角色，野生海藻的供应将受到多种限制。与此同时，地球表面的 71% 是海洋，通过海藻的人工养殖可以为海藻类肥料提供充足的原料。

第二节　海藻肥的提取与制备技术

经过半个多世纪的发展，海藻加工行业发展出了很多种从海藻中提取、分离活性成分的工艺技术。目前已经成功应用于海藻肥生产的技术包括：①水提取；②甲酸、乙酸、硫酸等酸或 NaOH、KOH、$CaCO_3$、Na_2CO_3、K_2CO_3 等碱提取；③低温加工；④高压下的细胞破壁；⑤酶解（Milton，1952；McHugh，1987；Fleury，1993；Fleury，1993；Whistler，1993；Sharma，2012）。

一、水提取

在用水提取海藻中的水溶性成分之前，首先用淡水去除原料海藻上的沙子、石头和其他杂质，然后切块后用烘箱烘干（Boney，1965），干燥温度应该低于 80°C 以避免活性成分的分解。制备农用生物刺激素时用的海藻颗粒比较粗，粒径在 1~4mm，而用于制备饲料配方的海藻比较细。水提取过程在常压、没有酸碱的条件下把海藻中的水溶性成分提取出来（Henry，2005；Sharma，2012），其固含量通过蒸发提高到需要的 15%~20%。采用乙酸、碳酸钠等食品级防腐剂可保持产品的稳定性（McHugh，2003）。

二、酸和碱提取

用硫酸在 40~50°C 下处理 30min 可以去除海藻中的酚类化合物，同时使高分子物质得到更好的降解，这个前处理可以加强碱提取工艺的效率，获得更好的产品质量（Booth，1969；McHugh，1987）。用 H^+ 浓度为 0.1~0.2mol/L 的 H_2SO_4 或 HCl 处理后的海藻在滚筒筛滤器上分类后比未处理的海藻更容易流动，其色泽呈绿色。在预处理过程中，海藻酸钙转化成了海藻酸，可以更容易用 KOH 提取，碱提取后用 H_3PO_4 或 $C_6H_8O_7$ 中和。最常用的工艺是把磨碎的海藻悬浮物在水中加热，加入 K_2CO_3 在压力反应容器中使多糖分子链段断裂成低分子质量物质，反应条件为：压力 275~827kPa，温度＜ 100°C（Milton，1952）。生产中应该采取措施避免水溶性成分、寡糖以及重要的生物刺激素的流失。

把海藻用碱处理后会通过降解、重组、凝聚、碱催化反应等途径产生海藻生物体中本身没有的新化合物。褐藻中的主要聚合物是海藻酸盐、各种岩藻聚糖、褐藻淀粉等，它们在碱催化下通过降解反应得到低分子量寡糖，并进一步降解后得到各自的单糖（BeMiller，1972；Haug，1963；Haug，1967）。在一项对海藻酸盐进行水解的研究中，Niemela 和 Sjöström（Niemela，1985）用 0.1~0.5mol/L 的 NaOH 溶液在 95°C~135 °C 对海藻酸进行反应后，在反应产物中检测出占起始海藻酸质量 9.8%~14.2% 的一元羧酸，如乳酸、甲酸、醋酸等。起始海藻酸质量的 17.3%~42.2% 被转化成糖精酸、五羧酸、四羧酸、苹果酸、琥珀酸、草酸等二羧酸。在这个反应过程中，海藻酸的27%~56%被转化成各种羧酸类产品，其中一些具有促进植物生长的作用。表5-1所示为海藻酸在碱降解过程中产生的一元羧酸和二羧酸含量。

表5-1 海藻酸在碱降解过程中产生的一元羧酸和二羧酸含量

NaOH浓度/（mol/L）	反应温度/°C	二羧酸含量/%（质量分数）	一元羧酸含量/%（质量分数）	总羧酸含量/%（质量分数）
0.1	95	17.3	9.8	27.1
0.1	135	22.0	14.2	36.2
0.5	95	38.7	11.2	49.9
0.5	135	42.2	14.2	56.4

三、低温加工

在低温加工过程中，沿海收集的野生海藻首先被转移到冷藏室迅速冰冻，然后在液氮作用下粉碎成颗粒直径10μm的悬浮物。微粒化的海藻悬浮物是一种绿褐色的物质，对其进行酸化处理可以保存其生物活性，产品的最终pH低于5。这种提取物很黏稠，常温下贮存很稳定，使用时可以将其稀释到合适的浓度。这样制备的海藻肥料中含有叶绿素、海藻酸盐、褐藻淀粉、甘露醇、岩藻多糖等活性物质，其总固含量在15%~20%（Herve，1977）。同时，这种产品还含有生长素、细胞分裂素、赤霉素、甜菜碱、氨基酸，以及S、Mg、B、Ca、Co、Fe、P、Mo、K、Cu、Se、Zn等元素（Sanderson，1986；Ruperez，2002a；Ruperez，2002b），还有抗氧化物、维生素等各种成分（Sanchez-Machado，2002；Holdt，2011）。对冷冻海藻进行机械加工得到的海藻肥料避免了有机溶剂、酸、碱等化学试剂对海藻活性物质的破坏，其性能与化学法加工制备的海藻肥料不同（Stirk，1996；Stirk，1997）。

四、高压细胞破壁

高压细胞破壁技术不涉及热和化学品。海藻生物质用淡水清洗后在-25°C下冷冻后粉碎成很细的颗粒状，均质后得到颗粒直径为6~10μm的乳化状态产品。此后这些颗粒物在高压状态下注入一个低压室，随着压力的下降，细胞内能量的释放使得细胞壁膨胀后破裂，导致细胞质成分的释放，过滤后从滤液中回收得到的水溶性成分含有海藻生物体中的各种活性成分（Papenfus，2012）。随后可以加入添加剂进一步改善配方以适合各种特殊的应用需要。南非Kelpak

公司1983年上市的海藻肥就是以这种冷冻细胞破壁技术从当地的极大昆布中生产的。

Gil-Chavez等（Gil-Chavez，2013）总结了海藻肥生产中的各种工艺，包括先进的加压溶剂萃取、亚临界和超临界提取、微波和超声波辅助提取等技术。加压细胞破裂的方法可以通过采用针对特定农用生物刺激素的溶剂加以改善（Santoyo，2011），提取过程的温度为100℃，压力约10.3MPa以维持溶剂在液体状态，采用己烷、乙醇和水可以提取出不同组成的海藻肥。

五、酶解

生物酶解工艺是在特定生物酶参与下的生物降解过程，可以更多地保留海藻中的活性成分，使海藻肥的效果更加显著。近年来，海藻肥的制备工艺逐渐从传统的化学、物理提取方式转向酶解提取。海藻酶解技术的关键在于酶的选用，需要建立基因筛选系统寻找合适的酶，通过蛋白质表达系统技术创造蛋白质表达的最优条件后再通过蛋白质工程技术对酶进行优化，使其更适用于实际生产。

生产过程中海藻首先被运送至车间破碎成颗粒，加入特选生物酶发酵降解后得到海藻肥。应用酶解技术制备的海藻肥的生物活性高、生态环保、优质高效，克服了化学提取时的强碱、高温环境以及物理提取方式中活性物质依旧是大分子形式、不利于作物高效利用的缺点。

另外，在海藻肥的加工过程中，海藻首先在低于80℃的温度下干燥到水分低于10%，以减少海藻的运输成本、改善工艺控制，然后把海藻粉碎成直径为1~10mm^{2}的颗粒（McHugh 1987）。加工过程的难点在于对产物的分离，例如把固体物质与黏稠的液体分离，或者去除凝胶状的沉淀物（McHugh 1987；Katayama，2009）。通过对提取物酸化或者加入抗菌剂可以控制海藻提取物中的微生物（McHugh 1987）。产品中的颗粒物大小以及产品的贮藏稳定性也是重要的质量指标（Sharma，2012；Sharma，2012）。

第三节　海藻肥的生产方法

在海藻肥的生产过程中，传统的方法是将海藻埋于地下腐烂或晒干后烧成灰，这样处理后得到的海藻肥不仅无机氮含量大大下降，其中的大量有机成分也会损失，在农业生产中只能将其作为无机钾肥使用。为了保留海藻生物体中含有的大量非含氮有机物、氨基酸、蛋白质以及一般陆生植物无法比拟的K、

Ca、Mg、Fe、Mn、Zn、I 等矿物质元素和丰富的维生素，同时为了便于运输和贮存，目前一般的加工方法是通过各种技术手段使细胞壁破碎、内含物释放后浓缩形成海藻精浓缩液，使海藻的各种天然活性成分得到极大的保留（周红梅，2006）。

提取工艺的不同直接影响有效成分的提取率、稳定性和功效。在海藻肥的实际生产中，通过细胞破碎或增溶等技术手段提取出海藻细胞内含物，以及使海藻大分子化合物降解为可溶、易被吸收的小分子物质的过程被称为藻体消解。海藻肥加工业中最常用的技术手段是机械破碎方法和非机械破碎方法两大类，其中机械破碎方法是依靠固体的剪切力（珠磨机）和液体的剪切力（高压匀浆机）等进行大规模细胞破碎；非机械方法是利用化学试剂、酶及其他渗透细胞破碎技术来实现大规模细胞破碎的，具有反应条件温和、设备简单等优势。落实到实际生产中的消解海藻藻体的方法主要有物理方法、化学方法、生物方法和复合方法。

一、物理法

物理法又称机械破碎法，是通过高压研磨、冻融、冷冻粉碎、渗透破碎、超声波等物理手段将海藻破碎成细小颗粒。为了减少活性成分损失，整个过程尽量避免高温和化学药品。

物理法主要包括均质过滤法、渗透休克法、超声波破碎法、研磨法、高压匀浆法、冷冻粉碎法等多种使海藻细胞破碎的方法，其中均质过滤法的费用相对较低；渗透休克法的提取物纯度高，但细胞破碎率低、操作复杂、费用较高；超声波破碎法所需设备简单、操作方便、破壁效率较高，但易局部过热导致活性物质变性失活，且成本较高，不适用于工业化批量生产；研磨法的整个过程需要高效冷却；高压匀浆法的破碎率较低，需要反复破壁以提高破碎率。

1. 均质过滤法

在均质过滤法工艺中，海藻细胞被强迫通过小孔而剪碎，或在韦林氏捣碎机中被剁碎（Nelson，1984）。此法的生产成本相对较低。

2. 渗透休克法

渗透休克法利用渗透压的变化造成细胞内压力差，引起细胞破碎。生产过程中首先将细胞置于高渗透压的介质中，使之脱水收缩。达到平衡后，将介质突然稀释或将细胞转置于低渗透压的水或缓冲溶液中，此时在渗透压作用下，外界的水向细胞内渗透后使细胞变得肿胀，膨胀到一定程度后细胞破裂，内含物随即释放到溶液中。此法细胞破碎率低，操作比较复杂，条件严格，费用高；但产物释放好，纯度高。

3. 超声破碎法

超声破碎法利用超声波作用下液体发生的空化作用，在空穴的形成、增大和闭合产生的极大冲击波和剪切力作用下使细胞破碎，其工艺影响因素包括声强、声频、温度、时间、离子强度、pH、细胞类型等。超声波破碎很强烈，所需设备简单、操作方便、破壁效率较高。但破碎过程产生大量的热量，易局部过热导致活性物质变性失活。此工艺对冷却的要求相当苛刻，且成本较高，故不易放大，只适用于少量处理海藻样品。

4. 研磨法

研磨法利用固体间的研磨剪切力和撞击使细胞破碎，是最有效的一种细胞物理破碎法。图 5-3 所示为立式珠磨机，磨腔内装有钢珠或小玻璃珠以提高碾磨能力。研磨法破碎细胞可分为间歇或连续操作，破碎过程产生大量的热能，因此设计时需要考虑换热问题。研磨的细胞破碎效率随细胞种类而异，影响破碎率的操作参数较多，操作过程的优化设计较为复杂，但此法成本较低。

5. 高压匀浆法

图 5-4 所示为高压匀浆机。高压匀浆法的作用机理是液体剪切作用，利用高压使细胞悬浮液通过针形阀，通过突然减压和高速冲击撞击环使细胞破碎。工艺中细胞悬浮液自高压室针形阀喷出时，每秒速度高达几百米，高速喷出的浆液又射到静止的撞击环上，被迫改变方向从出口管流出。海藻细胞在这一系

图5-3 立式珠磨机

图5-4 高压匀浆机

列高速运动过程中经历了剪切、碰撞及由高压到常压的变化，造成细胞破碎，其中影响破碎的主要因素是压力、温度和通过匀浆器阀的次数。此法破碎率较低，需要反复破壁以提高破碎率。

二、化学法

化学法主要包括直接提取法、有机溶剂法、酸解提取法和碱解提取法等，易放大用于批量处理，工艺相对成熟。该法加工条件比较温和，产品不易发生不可逆变性（严希康，1996）。

1. 直接提取法

直接提取法，也称中性水解法，是将海藻粉末加水、加热后提取滤液。此法操作简单、应用较早，但提取效率偏低，通常只有30%~40%的干物质能被水溶出。图5-5是一种直接提取法制备海藻肥的工艺流程。

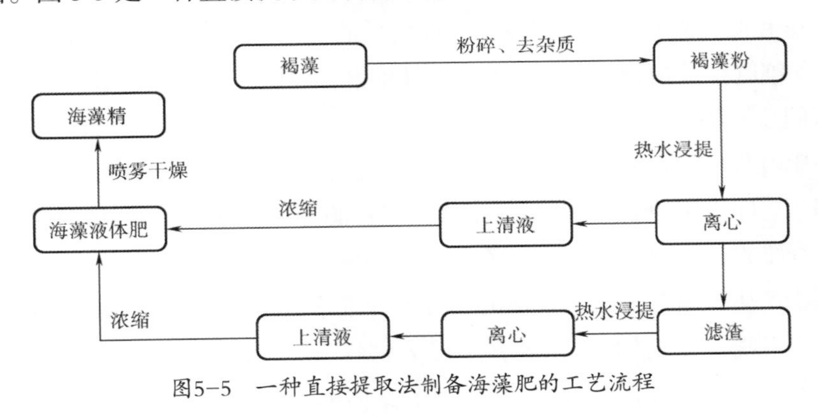

图5-5　一种直接提取法制备海藻肥的工艺流程

2. 有机溶剂法

有机溶剂法是一种用洗涤剂溶液增溶，或用有机溶剂溶解细胞壁、细胞膜上的脂类物质以破坏细胞壁、细胞膜，从而释放出海藻细胞内含物的方法，其中原料的粉碎度、溶剂用量、提取温度、提取时间、设备条件等因素都会影响提取效率，需要找到合适的工艺参数才能成功提取。

3. 酸提取法

该法用微酸溶液消解海藻，在20℃下浸提10min可得到相对密度为1.04的提取液，滤渣留有25%左右的可溶性固体物质，可加压并用浸提液冲洗使其溶解。

4. 碱提取法

碱提取法是在碳酸钠或氢氧化钠溶液中对藻体进行水解后使其包含的活性

物质释放出来（Sanderson，1987）。此法简单易行，能提高有效成分的释放率，但对设备要求较高。

三、生物法

生物法包括酶解法和微生物降解法，工艺条件较温和，可以最大程度保留海藻中的生物活性物质和营养成分，产生优良的肥效。

1. 酶解法

酶解法是将蛋白酶、果胶酶、纤维素酶和氧化还原酶等其中的一种或几种分别或混合加入到海藻浆液中，通过酶分子对海藻生物体中生物大分子的催化作用，将海藻细胞壁中的蛋白质、多糖、果胶质、纤维素等成分降解后，可使致密的海藻组织变得松散，海藻细胞裂解后将“束缚”在组织和细胞中的天然活性物质释放出来。因为酶解过程没有化学法的强碱和高温因素，也没有物理法的高压和低温因素，因此对海藻活性物质的损伤小，得到的海藻肥的肥效高。

海藻细胞壁结构骨架的主要成分是纤维素，以微纤维的方式层状排列，其余部分有间质多糖等物质，而间质多糖的成分因藻类不同而异（郭勇，2004）。生产海藻肥过程中使用的纤维素酶是降解纤维素生成葡萄糖的一组酶的总称，是由多个酶起协同作用的多酶体系。一般将纤维素酶分为3类。①葡萄糖内切酶（EG）：作用于纤维素分子内部的非结晶区，随机水解β-（1，4）糖苷键，将长链纤维分子切断，产生大量非还原性末端的小分子纤维素。②葡聚糖外切酶（CBH）：作用于纤维素线状分子末端，水解β-（1，4）糖苷键，每次切下一个纤维二糖分子，故又称纤维二糖水解酶。③β-葡萄糖苷酶（BG）：大分子首先在EG酶和CBH酶的作用下逐步降解成纤维素二糖，再由BG酶水解成2个葡萄糖。

刘培京等（刘培京，2012）利用复合酶水解海带后制备海藻提取物，得到的产物中海藻酸含量达到38g/L，其工艺流程是：①先将海带干物质磨碎或将片状海带发胀后匀浆，作为原料；②将条件设置为温度50°C、pH为6.0，添加PPC复合酶到原料中，充分反应72h；③经离心或过滤得到海藻提取物。中国专利CN104177136A则采用了多步酶解反应制备海藻提取物的方法，在温度为45~65°C、pH为4.5~5.5的条件下，海藻浆液中先加入一部分纤维素酶反应，然后加入蛋白酶和另一部分纤维素酶反应4h，过滤后得到海藻提取物。

2. 微生物降解法

微生物降解法是通过微生物的生命活动，主要借助微生物分泌的胞外酶、有机酸等对海藻藻体进行生物降解，裂解细胞壁、细胞膜，释放海藻细胞内的活性物质，并对释放出来的活性物质进行生物加工，产生种类更多的活性物质，从而增强海藻肥的肥效。中国专利CN103636928A公开了一种利用多菌种制备功能性海藻肥的方法，先用海藻、麦麸、秸秆等按一定比例制作成培养基，高温蒸汽灭菌后，降温至室温，再补加N、K、Mg、Ca等营养成分，随后分别按1%~10%的接种量接种活化后的地衣芽孢杆菌、乳酸菌、酵母菌、放线菌等，在28~35℃发酵72h，低温烘干至水分含量达标后，即为功能性海藻肥。

四、复合方法

复合降解是海藻肥生产中普遍采用的方法，常将物理、化学、生物方法中的一种或几种方法结合使用，弥补各种方法单一使用过程中存在的问题，如物理提取对设备要求高。国内真正掌握物理提取海藻活性物质的企业屈指可数，而工业上常用的化学提取方法，则因为生产需要的高温、强酸、强碱环境会破坏海藻活性物质，影响产品质量和使用功效。

中国专利CN104892157A公开了一种化学、生物结合法，先用弱碱水溶液消融海藻干粉1.2~1.8h，调节pH至7.0后加入PPC复合酶进行酶解15~20h，最后进行分离处理后得到海藻肥产品。

图5-6所示为一种复合方法制备海藻肥的工艺流程。根据中国专利CN103771918A公开的双海藻肥料制备方法，第一步将新鲜绿藻和褐藻脱水沥干，用剪切机切成小片，其边长可为3~5cm，小切片面积为10~30cm^2；第二步进行冻融处理，将片状海藻进行充分吸胀后放入−40~−20℃下冷冻，后转移到10~30 ℃下快速解冻，完全解冻后再进行冷冻，依次循环2~3次，利用海藻细胞内的水结冰后

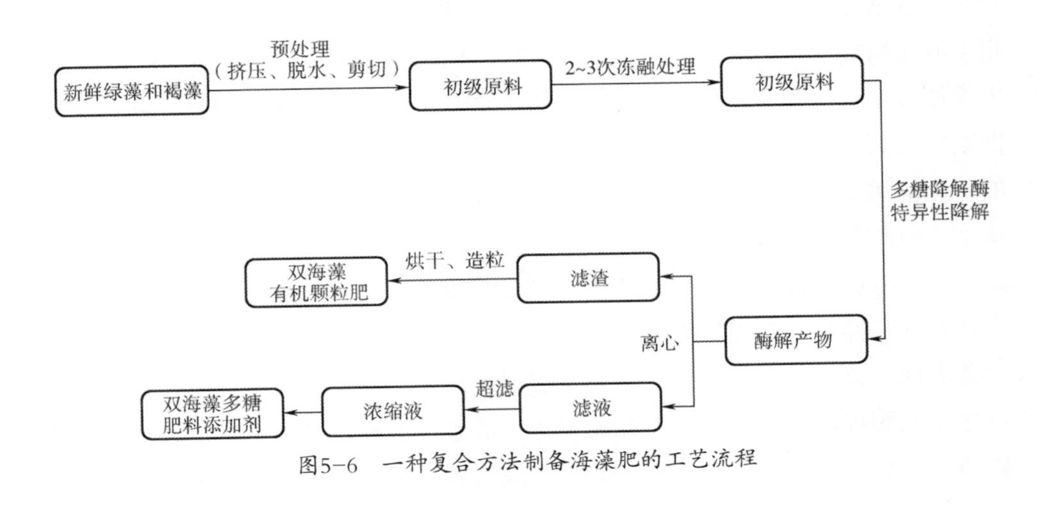

图5-6　一种复合方法制备海藻肥的工艺流程

体积变大使细胞破碎，通过物理方法释放细胞内含物；第三步，利用复合酶对海藻渣进行降解，得到不同酶解产物后进行过滤或离心操作，获得多糖、多酚等多种活性物质。之后将第二、三步得到的水解溶液混合，即为双海藻提取物。剩下的滤渣和有机肥一起进行烘干造粒，制成双海藻颗粒有机肥，滤液浓缩后与中微量元素复配加工，制成海藻有机水溶肥料。

五、不同制备方法的比较

海藻肥的制备工艺种类繁多，每种各有特色，表 5-2 对物理法、化学法和生物法进行总结比较。

表5-2　三种降解方法的比较

方法	优点	缺点
物理法	（1）对生物活性物质损害小 （2）不受外源性杂质污染	（1）海藻综合利用率低 （2）降解工艺不易大规模操作
化学法	（1）海藻的利用率高 （2）产物释放选择性好 （3）生产效率高 （4）胞内杂质释放少，易于后续分离提取	（1）对活性物质破坏较严重 （2）产物的纯化工艺复杂
生物法	（1）反应条件温和，对活性物质的活性破坏小 （2）工艺简单，能耗、成本低	（1）酶的通用性差，对酶活性要求高 （2）最佳反应条件需要严格控制 （3）相关产酶微生物较少

化学法工艺成熟、效率高，是目前应用最普遍的海藻降解方法。物理法中，超声波破碎法获得提取物的活性比高压破碎得到的略高，与高压均质法相比，超声波法的破壁效果更好，该方法在实验室中得到广泛应用，在处理少量样本时，操作简单，损失更少。尽管如此，超声波产生的化学自由基团可使一些敏感活性物质失活，还有噪声大、大容量设备的声波能量转移、散热困难，使该方法的工业应用潜力有限。目前海藻肥行业主要采用化学方法和生物方法进行大批量生产海藻肥（梁蕊芳，2013）。

有研究通过加工温度、pH 以及海藻酸提取率等几个指标比较目前海藻肥行业常见的几种制备工艺及所得的产品品质（王婷婷，2016）。如表 5-3 所示，在工艺方面，化学法中的酸提取工艺所需温度最高，耗能大，反应时间长，而生物法中的酶提取和微生物提取耗能少，所需条件温和，有利于保留海藻中活性物质的活性。在产品品质方面，酸提取法的海藻酸提取率、赤霉素和吲哚乙酸的含量最低，而酶提取和微生物提取的海藻酸提取率最高，并且微生物提取出来的海藻液中赤霉素和吲哚乙酸含量最高。

表5-3 不同海藻液提取工艺及产品品质对比

观测指标	酸提取	酸-碱提取	酶提取	微生物提取
温度/°C	120~130	55~60	30~55	30~55
pH	2~4	4~10	4~8	4~8
时间/h	5~6	2~4	2~4	2~4
能耗	极高	较低	一般	一般
海藻酸提取率/%	10~20	40~50	40~50	40~50
赤霉素	低于检测限	1.1~6.1ng/g	15~20ng/g	0.15~0.3mg/g
吲哚乙酸	0.2~0.4μg/g	1.0~1.5μg/g	17~30ng/g	0.28~0.47mg/g

采用不同制备工艺生产的海藻液中活性物质含量的不同会在实际应用功效上有所反映。图 5-7 和图 5-8 分别显示从不同工艺中制备获取的海藻肥对盆栽小油菜叶绿素含量和地上部分湿重的影响。在相同的施肥处理条件下，小油菜叶绿素值的大小顺序为：微生物提取 > 酶提取 > 酸 - 碱提取 > 酸提取 > 空白对照，小油菜鲜重的大小顺序同样为：微生物提取 > 酶提取 > 酸 - 碱提取 > 酸提取 > 空白对照，鲜重的大小代表了小油菜的产量，该组数据表明用微生物法提取的海藻液促进植物生长的效果最好。

甜菜碱是普遍存在于海洋藻类的一种季铵盐物质，能提高植物对干旱、洪涝、

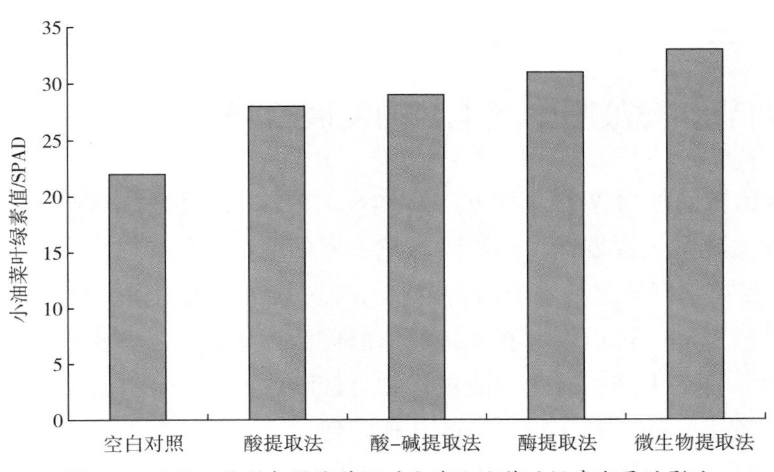

图5-7 不同工艺制备的海藻肥对盆栽小油菜叶绿素含量的影响

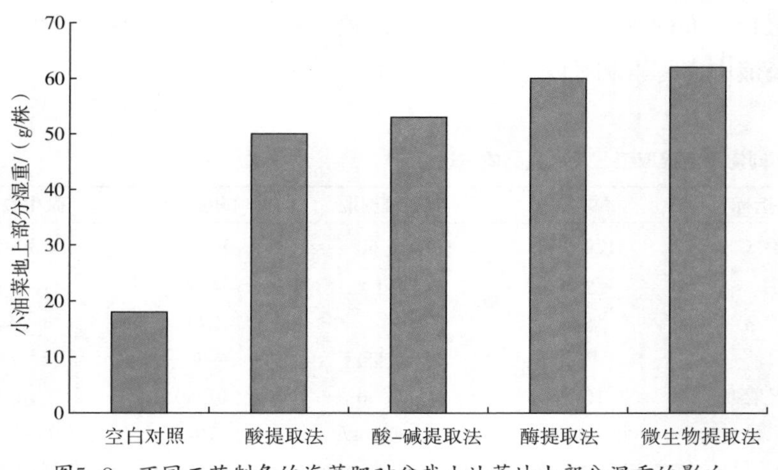

图5-8　不同工艺制备的海藻肥对盆栽小油菜地上部分湿重的影响

高盐等多种逆境胁迫下的耐受能力。研究显示（袁蕊，2017），不同工艺提取的海藻肥中的甜菜碱含量有所不同。如表5-4所示，碱提取法得到的海藻肥中甜菜碱含量最低，生物法中的酶提取法和微生物提取法所得到的海藻肥中甜菜碱含量明显高于碱提取法。

表5-4　不同工艺提取的海藻肥中甜菜碱的含量

方法	含量/（mg/mL）			
	1	2	3	平均值
碱提取	10.61	10.59	10.61	10.60
酶提取	17.81	17.81	17.85	17.82
微生物提取	18.78	18.77	18.71	18.76

第四节　海藻肥生产工艺的发展趋势

综合比较消解海藻的几种方法，最好的方法是采用酶水解或物理消解，这两种方法能最大程度保留海藻中天然物质的活性，但技术难度高、对设备要求高，目前掌握这类技术的国内企业较少。其次是采用微生物将海藻酵解，工艺条件较温和，可以较大程度地保留海藻活性成分，且在保留海藻活性成分的同时，将其大分子转化为能被作物直接吸收的小分子，还能代谢产生海藻原料中不含有的、对作物有益的其他活性成分。微生物降解法的技术要求高，产品稳定性较难控制，需优化操作和控制工艺过程。

目前国内很多生产企业采用化学提取法，使用酸碱和氧化剂消解海藻，易于批量化、工业化处理，能提高藻体加工提取的效率，但同时也对海藻活性物质造成一定程度的破坏。在生产实践中，通过系统工程学设计可将多种破壁提取方法进行有机组合，充分发挥各种方法的优势，弥补其缺点。

从海藻肥更加绿色、天然、高效的发展趋势来看，微生物降解法、酶解法和物理法是加工制造工艺的重要突破方向，可通过各种先进科技、工艺和设备的集成，生产出高品质海藻肥。图 5-9 所示为一个系统的海藻生物降解工艺流程图及其衍生产品。

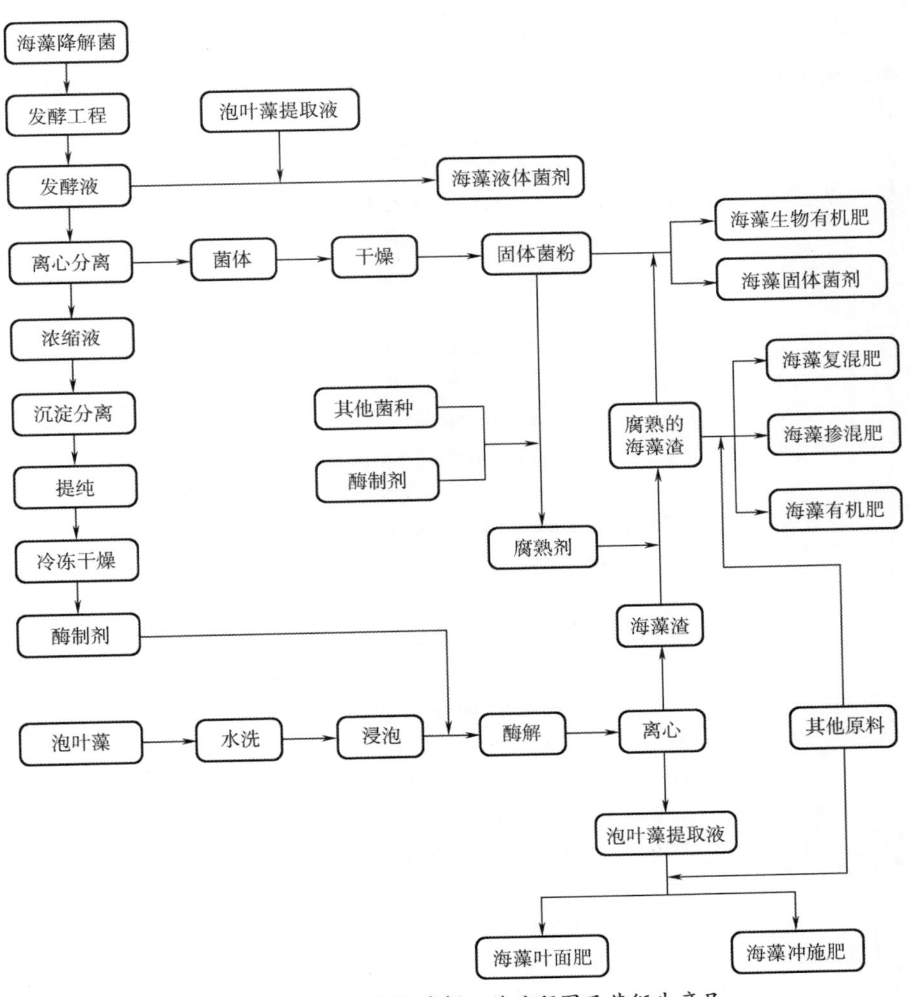

图5-9　海藻的生物降解工艺流程图及其衍生产品

第五节 小结

海藻类肥料可以通过物理、化学、生物等多种方法加工制备。目前市场上的海藻肥是含有不同固含量、气味、黏度、pH（从酸性到碱性）以及色泽的水溶液，反映出所用原料、加工工艺、目标用途的不同。从生产的角度看，以冷的或冰冻的海藻加工出的海藻肥可以保留海藻中的植物生长激素、抗氧化物等生物活性成分，而采用生物法降解海藻生产的海藻肥最大程度地保留了藻体内的生物活性物质，分离获得的浓缩液可作为叶面肥、冲施肥、海藻微生物菌剂（液体）等水溶性肥料的原料，过滤得到的海藻渣是一种优质有机质原料，经腐熟后可制备海藻有机肥、海藻掺混肥、海藻有机 - 无机复混肥、海藻生物有机肥、固体海藻微生物菌剂等产品，有效满足现代农业生产对优质肥料的需求。

参考文献

［1］Bemiller J N，Kumari G V. beta-Elimination in uronic acids：evidence for an ElcB mechanism［J］. Carbohyd. Res.，1972，5：419-428.

［2］Boney A D. Aspects of the biology of the seaweeds of economic importance［J］. Adv. Mar. Biol.，1965，3：105-253.

［3］Booth E. The manufacture and properties of liquid seaweed extracts［J］. Proc. Int. Seaweed Symp.，1969，6：655-662.

［4］Fleury N，Lahaye M. Studies on by-products from the industrial extraction of alginate，part 1. Chemical and physical-chemical characteristics of dietary fibres from flotation［J］. J. Appl. Phycol.，1993，5：63-69.

［5］Fleury N，Lahaye M. Studies on by-products from the industrial extraction of alginate，part 2. Chemical structure analysis of fucans from leach-water［J］. J. Appl. Phycol.，1993，5：605-614.

［6］Gil-Chavez G J，Villa J A，Ayala-Zavala J F，et al. Technologies for extraction and production of bioactive compounds to be used as nutraceuticals and food ingredients：an overview［J］. Comp. Rev. Food Sci. Food Safe，2013，12：5-23.

［7］Haug A，Larsen B，Smidsröd O. The degradation of alginate at different pH values［J］. Acta. Chem. Scand，1963，7：1466-1468.

［8］Haug A，Larsen B，Smidsrød O. Alkaline degradation of alginate［J］. Acta. Chem. Scand，1967，21：2859-2870.

［9］Henry E C. Report of alkaline extraction of aquatic plants，Science Advisory Council，UK，Aquatic Plant Extracts，2005.

［10］Herve R A，Rouillier D L. Method and apparatus for commuting marine algae and the resulting product[J]. US Patent 4023734, 1977.

[11] Holdt S L, Kraan S. Bioactive compounds in seaweed: functional food applications and legislation[J]. J. Appl. Phycol., 2011, 23: 543-597.

[12] Katayama S, Nishio T, Iseya Z, et al. Effects of manufacturing factors on the viscosity of a polysaccharide solution extracted from Gagome *Kjellmaniella crassifolia*[J]. Fisheries Sci., 2009, 75: 491-497.

[13] Kelly M S, Dworjanyn S. The potential of marine biomass for anaerobic biogas production: a feasibility study with recommendations for further research[M]. Scottish Association for Marine Science, Oban, Argyll, Scotland, The Crown Estate, 2008.

[14] Lewis J, Salam F, Slack N, et al. Product Options for the Processing of Macro-algae[M]. Summary Report, The Crown Estate, 2011.

[15] McHugh D J. A guide to the seaweed industry. FAO Fisheries Technology, FAO Rome, 2003.

[16] McHugh D J. Production and utilization of products from commercial seaweeds [R]. FAO Fisheries Tech Paper 288, 1987.

[17] Meland M, Rebours C. Short description of the Norwegian seaweed industry [J]. Bioforsk Fokus, 2012, 7: 275-277.

[18] Milton R F. Improvements in or relating to horticultural and agricultural fertilizers[P]. The Patent Office London, No. 664, 989, 1952.

[19] Morrissey K, O' Donoghue C, Hynes S. Quantifying the value of multi-sectoral marine commercial activity in Ireland[J]. Mar. Policy, 2011, 35: 721-727.

[20] Nelson W R. The effect of seaweed concentrate on wheat culms[J]. Plant Physiod., 1984, 115: 433-437.

[21] Nelson W R. The effect of seaweed concentrate on growth of nutrient stressed green-house cucumbers[J]. Hort Science, 1984, 19 (1): 81-82.

[22] Niemela K, Sjöström E. Alkaline degradation of alginates to carboxylic acids [J]. Carbohydr. Res., 1985, 144: 241-249.

[23] Papenfus H B, Stirk W A, Finnie J F, et al. Seasonal variation in the polyamines of *Ecklonia maxima*[J]. Bot. Mar., 2012, 55: 539-546.

[24] Roberts T, Upham P. Prospects for the use of macro-algae for fuel in Ireland and the UK: an overview of marine management issues[J]. Mar. Policy, 2012, 36: 1047-1053.

[25] Ruperez P. Mineral content of edible marine seaweeds[J]. Food. Chem., 2002, 79: 23-26.

[26] Ruperez P, Ahrazem O, Leal J A. Potential antioxidant capacity of sulphated polysaccharides from the edible brown seaweed *Fucus vesiculosus*[J]. J. Agr. Food Chem., 2002, 50: 840-845.

[27] Sanchez-Machado D I, Lopez-Hernandez J, Paseiro-Losada P. High-performance liquid chromatographic determination of α-tocopherol in macroalgae[J]. J. Chromatogr. A., 2002, 976: 277-284.

[28] Sanderson K J, Jameson P E. The cytokinins in a liquid seaweed extract: could they be the active ingredients?[J]. Acta. Hort., 1986, 179: 113-1166.

[29] Sanderson K. J. Auxin in a seaweed extract: Identification and quantitation of indole-3-acetic acid by gas chromatography mass spectrometry[J]. Plant Physiol., 1987, 129: 363-367.

[30] Santoyo S, Plaza M, Jaime L, et al. Pressurized liquids as an alternative green process to extract antiviral agents from the edible seaweed *Himanthalia elongate* [J]. J. Appl. Phycol., 2011, 23: 909-917.

[31] Sharma S H S, Lyons G, McRoberts C, et al. Brown seaweed species from Strangford Lough: compositional analyses of seaweed species and biostimulant formulations by rapid instrumental methods[J]. J. Appl. Phycol., 2012, 24: 1141-1157.

[32] Sharma H S S, Lyons G, McRoberts C, et al. Biostimulant activity of brown seaweed species from Strangford Lough: compositional analyses of polysaccharides and bioassay of extracts using mung bean (*Vigno mungo* L.) and pak choi (*Brassica rapa chinensis* L.)[J]. J. Appl. Phycol., 2012, 24: 1081-1091.

[33] Stirk W A, van Staden J. Comparison of cytokinin- and auxin-like activity in some commercially used seaweed extracts[J]. J. Appl. Phycol., 1996, 8: 503-508.

[34] Stirk W A, van Staden J. Isolation and identification of cytokinins in a new commercial seaweed product made from *Fucus serratus* L[J]. J. Appl. Phycol., 1997, 9: 327-330.

[35] Ugarte R, Sharp G. Management and production of the brown algae *Ascophyllum nodosum* in the Canadian maritimes[J]. J. Appl. Phycol., 2012, 24: 409-416.

[36] Whistler R L, BeMiller J N. Industrial Gums Polysaccharides and Their Derivatives, 3rd edn[M]. San Diego: Academic Press, 1993.

[37] 周红梅.海藻提取物对石灰性土壤磷及小油菜品质的影响[D].中国农业科学院，2006.

[38] 严希康，潘焕华.用基于表面活性剂的分离方法提取庆大霉素[J].中国抗生素杂志. 1996，(04): 25-29.

[39] 郭勇. 酶工程.第2版[M].北京：科学出版社，2004: 298-299.

[40] 刘培京，王飞，张树清. PPC复合酶制备海藻有机液肥工艺参数的研究[J].中国农学通报. 2012，28 (36): 246-250.

[41] 梁蕊芳，徐龙，岳明强.细胞破碎技术应用研究进展[J].安徽农业科技，

2013（1）：113-114.
［42］王婷婷，卞会涛，岳玉苓，等.不同提取工艺制备的海藻肥在盆栽小油菜上的肥效研究［J］.中国农学通报. 2016，32（7）：48-52.
［43］袁蕊，王学江，李峰.不同提取工艺制备的海藻肥中甜菜碱含量的比较［J］.安徽农业科学，2017，45（21）：129-130.

第六章

海藻肥活性成分及其作用

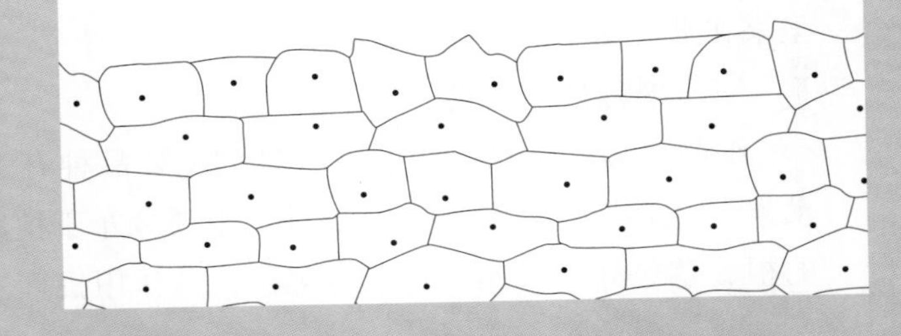

第一节 概述

植物激素是植物体内代谢产生、能运输到其他部位起作用、在很低浓度就有明显调节生长发育效应的微量有机物，也称为植物天然激素、植物内源激素。它们在细胞分裂与伸长、组织与器官分化、开花与结实、成熟与衰老、休眠与萌发以及离体组织培养等方面，分别或相互协调地调控植物的生长、发育与分化（张宗俭，2015）。

植物生长调节剂是从植物中提取的或人工合成的、具有与植物激素相似结构和性能的物质。

自生长素（吲哚乙酸）在1934年问世以来，植物生长调节剂在农、林、园艺、蔬菜、花卉等许多作物上得到了越来越广泛的应用，人们在认识到植物体内含有的各种激素的多种生理作用及它们之间的相生相克关系、并在调节植物生长发育上呈现奇妙作用的同时，先后人工合成了100多种植物生长调节剂，涉及的应用功效包括：生根、发芽、生长、矮壮、防倒、开花、坐果、摘果、催熟、保鲜、着色、增糖、干燥、脱叶、促芽或控芽、调节性别、调节花芽分化、抗逆等。

目前行业公认的植物生长调节剂（或植物激素）包括生长素类、细胞分裂素类、赤霉素类、诱抗素（原名脱落酸）、乙烯、油菜素内酯等六大类，茉莉酸及其酯类、水杨酸类、一氧化氮和独脚金内酯等也有调节作用，也属于植物激素。

一、生长素类

生长素类植物生长调节剂是研究历史最长、农业生产上应用最广、经济效益较大的一类，主要品种有吲哚乙酸、吲哚丁酸、萘乙酸、萘氧乙酸等。生长素在植物中主要分布于茎分生组织、叶原基、幼叶、发育的果实和种子等生长活跃的组织和花粉中，能促进侧根和不定根发生、调节开花和性别分化、调节坐果和果实发育、控制顶端优势等。

二、细胞分裂素类

细胞分裂素类植物生长调节剂的主要品种有玉米素、6-糠基腺嘌呤（激动素）、氯苯甲酸等已知的12种，主要分布于植物分生组织内，如正在生长的根、茎、叶、果实、种子等部位，其作用机理主要是促进细胞分裂、促进芽的分化、消除顶端优势、延缓衰老、促进叶绿体发育、抑制叶绿素分解、促进气孔开张等。

三、赤霉素类

赤霉素类植物生长调节剂是含有赤霉素烷骨架的双萜化合物，已经发现的有 130 多种。赤霉素在植物生长活跃的茎枝和正在发育的种子中合成，具有促进茎生长，保花保果，促进坐果、果实生长，控制种子萌发、休眠、性别分化等多种生理作用。

四、诱抗素

诱抗素（原名脱落酸）是以异戊二烯为基本单位的一种倍半萜羧酸，主要在叶绿体和其他质体中合成，植物在干旱或逆境条件下，诱抗素含量提高。例如，在水分胁迫下，叶片保卫细胞的诱抗素含量比正常提高了 18 倍。诱抗素的升高促进气孔关闭，减少了蒸腾作用，有利于维持叶片水分平衡，同时还能促进根系吸水和地上部的水分供应能力，除干旱外，盐、低温、高温等胁迫条件都可使植物体内诱抗素剧增。

五、乙烯

乙烯是已经发现的植物激素中结构最简单的一种，广泛存在于植物的各个部位，在果实成熟、休眠、离层发生、开花、衰老过程中起重要作用。

六、油菜素内酯

油菜素内酯在 1998 年的第 16 届国际植物生长物质学会年会上被正式确认为第六类植物激素。目前已知的天然油菜素内酯类化合物有 60 多种，其功效包括促进细胞分裂和延长、促进光合作用、促进植物向地性反应、促进木质部导管分化、抑制根系生长、延缓衰老、抑制叶片脱落、提高抗逆性等。

第二节　海藻植物激素

制备海藻肥的大型海藻是海洋中的速生植物，除了组成植物结构的各种海藻多糖、蛋白质以及 N、P、K、Fe、B、Mo、I 等营养元素，还含有酚类多聚化合物、甘露醇、甜菜碱、细胞分裂素、赤霉素、生长素、脱落酸等植物生长调节物质。如表 6-1 所示，不同种类的海藻在其进化过程中发展出了特色鲜明的海藻活性物质，作为具有特殊结构和性能的生物质材料，有很高的应用价值。

表6-1 各种海藻中主要活性成分的含量

海藻种类	活性成分	含量/%	与其他海藻比较
海黍子	有机碘	0.31	5~100倍
羊栖菜	游离氨基酸	5.2	10~60倍
鼠尾藻	多酚	3.25	4~120倍
泡叶藻	细胞激动素	0.01	6~150倍
紫菜	不饱和脂肪酸	1.9	10~100倍
浒苔	甜菜碱	2.2	5~80倍
盐藻	β-胡萝卜素	0.8	10~200倍
螺旋藻	γ-亚麻酸	0.4	10~160倍
海带	岩藻多糖	2.0	30倍

作为一种简单植物，海藻生物体主要由细胞外基质、细胞壁、细胞浆液等结构成分组成。多糖是细胞壁的主要组分，其中纤维素、甘露聚糖、木聚糖等是纤维状的，而海藻酸、岩藻多糖、半乳聚糖等是无定型的（Lee，2008）。纤维状多糖形成细胞壁的架构，无定型多糖成为其中的基质。表 6-2 所示为不同藻类的细胞壁组成。

表6-2 不同藻类的细胞壁组成（Sahoo，2015）

海藻种类	细胞壁的主要组成
褐藻	纤维素、海藻酸
红藻	纤维素、果胶、硫酸酯多糖
绿藻	纤维素、果胶，较少半纤维素
蓝藻	果胶、半纤维素、粘肽
黄藻	果胶
金藻	麦清蛋白、脂肪、金藻昆布多糖
硅藻	二氧化硅
隐藻	无细胞壁
甲藻	主要为纤维素，也有质膜
轮藻	无细胞壁
裸藻	无细胞壁，有质膜

褐藻细胞壁的主要多糖成分是海藻酸、褐藻淀粉、岩藻聚糖等贮藏碳水化合物。许多源自海藻的多糖及其衍生物可以激活植物的防御反应，通过激活水杨酸、茉莉酸或乙烯信号通路保护植物免受一系列病原体的侵害。例如，泡叶藻提取物中多糖的诱导因子作用可以增加 β-1，3 葡聚糖酶的活性。

褐藻细胞的化学组成随季节和生长环境的变化有很大的变化。泡叶藻之所以是国际公认的生产海藻肥的最佳原料，一个主要原因在于它特殊的生长环境。泡叶藻主要生长在北大西洋海域的各国海岸，深海的高压、弱光环境赋予它极强的富集和吸收营养能力，并可以合成海藻酸、海藻多糖、海藻低聚糖、甘露醇、酚类、岩藻多糖、天然植物激素等多种生物活性物质，其中泡叶藻中的生长素、赤霉素等天然植物激素的含量远高于其他海洋藻类。表 6-3 是其与 5 种常见海藻中的吲哚乙酸、赤霉素及玉米素核苷的含量对比（张国防，2016）。

表6-3　5种常见海藻中的吲哚乙酸、赤霉素及玉米素核苷含量对比

海藻种类	吲哚乙酸/（ng/g）	赤霉素/（ng/g）	玉米素核苷/（ng/g）
泡叶藻	594.22	66.70	107.94
鲜马尾藻	15.23	40.00	87.94
鲜小海带	20.53	33.96	93.95
干小海带	147.94	13.54	19.77
干大海带	30.9	21.54	24.97

第三节　海藻活性成分

一、海藻多糖

海藻生物体中存在种类繁多的多糖，表 6-4 所示为绿藻、红藻、褐藻中的主要多糖成分。

表6-4　绿藻、红藻、褐藻中主要的多糖成分（Khan，2009）

海藻种类	绿藻	红藻	褐藻
多糖组分	直链淀粉、支链淀粉、纤维素、复杂的半纤维素、葡甘露聚糖、甘露聚糖、菊粉、褐藻淀粉、果胶、硫酸黏液、木聚糖	琼脂、卡拉胶、纤维素、复杂的黏液、帚叉藻聚糖、糖原、甘露聚糖、木聚糖、紫菜胶	海藻酸盐、纤维素、复杂硫酸酯化葡聚糖、含岩藻糖的聚糖、岩藻多糖、褐藻淀粉、类地衣淀粉葡聚糖

1. 海藻酸

海藻酸（Alginic acid）是一种存在于褐藻的天然亲水性高分子（秦益民，2008），是一种由 β-1，4 糖苷键连接的甘露糖醛酸（M）和 α-1，4 糖苷键连接的古洛糖醛酸（G）组成的高分子质量物质，两种单体的含量对海藻酸的理化性能和生理活性有重要影响（Vera，2011）。图 6-1 所示为海藻酸的化学结构。

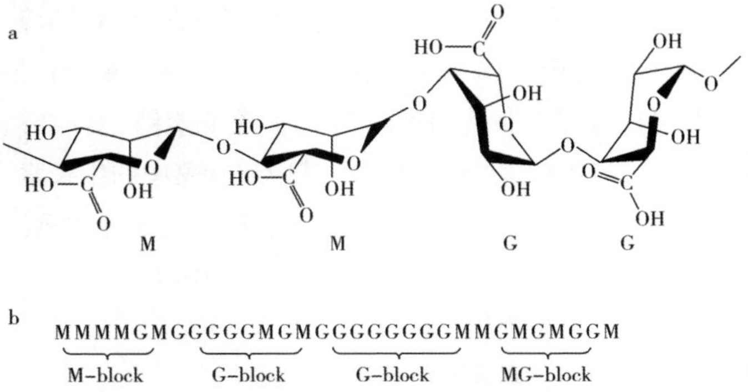

b　MMMMGMGGGGGMGMGGGGGGGMMGMGMGGM

M-block　G-block　G-block　MG-block

图6-1　海藻酸的化学结构

注："M-block"是甘露糖醛酸链段，"G-block"是古洛糖醛酸链段。

作为一种高分子羧酸，海藻酸可以和不同的金属离子结合后形成海藻酸盐。由于结合的性质和稳定性不同，不同种类的海藻酸盐有很不相同的溶解性能。海藻酸的钠、钾、铵盐是水溶性的。除了海藻酸镁，海藻酸和二价金属离子形成的盐是不溶于水的，二者接触后迅速形成凝胶，其所形成的凝胶性能与海藻酸对金属离子的结合力形成密切关系，体现在海藻酸钠与二价金属离子的离子交换系数为：

K=［胶体中的金属离子］［溶液中的钠离子］^{2}/｛［胶体中的钠离子］^{2}［溶液中的金属离子］｝

在对不同金属离子进行研究后，Haug 和 Smidsrod 等（Haug，1967；Smidsrod，1972；Smidsrod，1972）发现海藻酸对金属离子亲和力的次序为：

$Pb^{2+}>Cu^{2+}>Cd^{2+}>Ba^{2+}>Sr^{2+}>Ca^{2+}>Co^{2+}=Ni^{2+}=Zn^{2+}>Mn^{2+}$

海藻酸具有很多优良的生物活性，具体包括以下几种。

（1）抗肿瘤作用　除了海藻酸本身具有直接抑制肿瘤细胞生长的作用外，还能通过增强机体免疫功能来抑制肿瘤细胞生长扩散。

（2）免疫调节作用　海藻酸能在多个层面、多条途径对免疫系统发挥调节作用，包括对各类免疫细胞的调节、对细胞因子的调节、对补体的调节等。

（3）消除自由基和抗氧化作用　海藻酸对超氧化物自由基和羟基自由基的清除有显著作用，且呈量效关系。

（4）抗病毒作用　海藻酸具有抗 RNA 和 DNA 病毒的作用，对脊髓灰质类病毒Ⅰ型、柯萨奇B3和A16型病毒、腺病毒E型、埃可Ⅳ型病毒有明显的抑制作用。

（5）放射防护效果　在小鼠体内注射海藻酸后能明显提高放射性C射线900拉德照射小鼠存活率，延长存活时间，能显著保护照射动物的造血器官。海藻酸对预防放疗所致造血器官损伤、刺激造血功能恢复及增强癌症患者的免疫功能有一定意义。

（6）抗凝血作用　海藻酸在体内和体外均具有明显的抗凝血和促纤溶的药理学活性，其作用机理类似于肝素，即抑制凝血酶原的激活。海藻酸适用于血黏度高的患者，可作为预防血栓形成的药物或保健品，静脉注射效果明显高于腹腔注射。

（7）止血作用　在皮肤划伤等出血性外伤修复上，血液与带负电的海藻酸接触时可以启动凝血机制，达到止血效果。血液中的钙离子、纤维蛋白等与海藻酸能交织成网，包罗红细胞、白细胞、血小板和血浆构成血凝块，起到良好的止血效果。

（8）保健功能　海藻酸是一种可食而又不被人体消化的大分子多糖，在胃肠中具有吸水性、吸附性、阳离子交换和凝胶过滤等作用，具有降血压、降血脂、降低胆固醇、预防脂肪肝的功能。海藻酸盐能增加饱腹感，健康减肥，也可加快肠胃蠕动、预防便秘。

（9）低分子海藻酸钙是补钙食品的新型钙源，易于吸收。

（10）低分子海藻酸锌可健脑益智、预防中老年痴呆症。

（11）低分子海藻酸铁可补铁、补血。

（12）低分子海藻酸镁可预防及治疗冠心病。

2. 岩藻多糖

岩藻多糖（Fucoidan）也称岩藻多糖硫酸酯、岩藻聚糖硫酸酯、褐藻糖胶，是一种水溶性多糖，其化学结构是硫酸岩藻糖构成的杂聚多糖体。岩藻多糖的主要成分是岩藻糖（L-fucose），经过硫酸酯化后形成α-L-岩藻糖-4-硫酸酯，此外还含有半乳糖、木糖、葡萄糖醛酸等。岩藻多糖具有一系列独特的生物活性，其在农业生产领域的功效包括抑制烟草花叶病毒感染以及对树木枯死病的病原菌、植物病害、食虫病和马铃薯病原体的拮抗活性（Hearst，2013）。

3. 贮藏碳水化合物

褐藻中含有褐藻淀粉、甘露糖等碳水化合物。褐藻淀粉是一种由葡萄糖组成的、通过 β-1，3 糖苷键以及部分 β-1，6 糖苷键连接的多糖，具有引起烟草植物防御反应的功效。甘露糖在贮藏碳和能量、调节辅酶、渗透调节、自由基清除以及抗病原体等方面起作用（Prabhavathi，2007）。

二、植物生长调节剂

海藻提取物中含有的各种植物生长调节剂使其成为一种优良的农用生物刺激素。这些植物生长调节剂包括海藻中含有的植物生长素、细胞分裂素、赤霉素、甜菜碱、脱落酸（ABA）、茉莉酸（JA）、多胺、油菜素甾醇等多种生物活性物质。表 6-5 所示为在褐藻中发现的几种主要的植物生长调节剂。

表6-5　褐藻中发现的植物生长调节剂（Craigie，2011）

植物生长调节剂	褐藻种类	植物生长中的生理功效
甜菜碱	泡叶藻、墨角藻、海带	渗透调节、抗旱和抗寒性、抗病性
油菜素甾醇	极大昆布	促进细胞分裂和伸长、管组织分化，促进乙烯生成，抑制根生长
茉莉酮酸	墨角藻	诱导防御和应激反应、合成蛋白酶抑制剂、促进块茎的形成和衰老、抑制生长和种子萌发
多胺	网地藻	影响生长、细胞分裂和正常发育

1. 甜菜碱

甜菜碱是海藻提取物中的已知成分（Mackinnon，2010）。甜菜碱具有很多促进植物增长的功效，如在植物受到盐碱或水分胁迫时，细胞质中开始积累大量甜菜碱等有机渗透调节剂，同时将无机渗透调节剂挤向液泡，使细胞维持渗透平衡，避免细胞质中高浓度无机离子对酶和代谢的毒害。盐胁迫下植物体内甜菜碱的积累是一种有利于植物在胁迫下生长的重要生理现象，其含量与植物耐盐性呈正相关。甜菜碱的溶解度很高，不带静电荷，其高浓度对许多酶及其他生物大分子没有影响，甚至有保护作用。甜菜碱可以保护甜菜根细胞膜，防止热伤害，提高酶热变性所需的温度；可以保护菠菜类囊体膜抵御冰冻胁迫；解除高浓度盐对酶活性的毒害；防止脱水诱导的蛋白质热动力学干扰；对有氧呼吸和能量代谢过程也有良好的保护作用。

2. 油菜素甾醇

油菜素甾醇（Brassinosteroid，BR）是一类重要的植物甾醇类激素，它调控植物生长发育的很多过程，包括细胞的伸长、分裂、衰老、维管束的分化、雄性育性和光形。

3. 茉莉酸

茉莉酸是存在于高等植物体内的内源生长调节物质。茉莉酸及其甲酯是一类脂肪酸的衍生物，能诱导气孔关闭，影响植物对 N、P 的吸收和葡萄糖等有机物的运输，还与抵抗病原侵染有关，促进植物对机械、食草动物、昆虫伤害等外界伤害和病原菌侵染做出反应。

4. 植物生长素

植物生长素是褐藻、红藻和绿藻的内生激素，是海藻提取液促进生根的重要成分。植物生长素包括吲哚乙酸（IAA）、吲哚 -3- 羧酸（ICA）、*N*，*N*- 二甲基胰酶（NNPT）、吲哚 -3- 醛（IAld）和 *N*- 羟乙基邻苯二甲酰亚胺，这些成分在以极大昆布为原料生产的海藻肥中都可以检测到（Stirk，2004）。吲哚乙酸已经在很多种类的海藻中被发现，如裙带菜（Abe，1972）、紫菜（Zhang，1993）以及其他海藻（Jacobs，1985），通过气相色谱 - 质谱联用技术已经在 Maxicrop 商业用海藻肥中检测到吲哚乙酸的含量为 $6.63 \pm 0.29\mu g/g$（Sanderson，1987）。吲哚乙酸与海藻肥促进植物生根的性能密切相关，Guiry 和 Blunden（Guiry，1991）的综述显示，海藻提取物中的植物生长素是促进生根的重要组分。

5. 脱落酸

天然脱落酸与生长素、乙烯、赤霉素、细胞分裂素并列为植物生长的五大激素，可提高植物的抗旱和耐盐力。脱落酸是一种能引起芽休眠、叶子脱落、抑制细胞生长的植物激素，因能促使叶子脱落而得名。脱落酸除了促使叶子脱落等作用，还可促使马铃薯形成块茎。脱落酸可以刺激乙烯的产生，促进果实成熟。

6. 细胞分裂素

细胞分裂素是一类重要的植物生长调节剂，它们通过刺激蛋白质合成给植物产生各种影响（Tarakhovskaya，2007），通过促进叶绿体的成熟和延缓衰老，在细胞周期控制中起重要作用。用细胞分裂素处理过的叶子成为氨基酸的活化库，使其从植物周边区域向受处理区域迁移。在组织培养中，细胞分裂素和植物生长素一起使用时可刺激细胞分裂、控制形态形成。细胞分裂素产生的生理功效包括：促进细胞分裂、刺激形态发生（如枝的孕育、不定芽形成）、刺激侧芽生长、刺激细胞扩张引起的叶扩张、提高某些物种的气孔开放等（Davies，

2010）。表 6-6 和表 6-7 分别显示 31 种海藻中芳香族细胞分裂素和类异戊二烯细胞分裂素的分布。

表6-6　31种海藻中芳香族细胞分裂素的分布（Craigie，2011）

简称	芳香族细胞分裂素	存在的海藻种数	10^{-12}mol/g干重
BA	Benzyl adenine	31	0.4~2.0
mT	Meta-Topolin	30	1.0~4.8
mTOG	Meta-Topolin-O-glucoside	29	1.9~9.9
oT	ortho-Topolin	30	2.0~22.5
oTR	ortho-Topolin riboside	14	0.1~3.5
oTOG	ortho-Topolin-O-glucoside	30	0.1~3.3

表6-7　31种海藻中类异戊二烯细胞分裂素的分布（Craigie，2011）

简称	类异戊二烯细胞分裂素	存在的海藻种数	10^{-12}mol/g干重
iP	iso-Pentenyladenine	31	3.0~82
iPR	iso-Pentenyladenosine	31	1.3~133
iPR5MP	iso-Pentenyladenosine-5′ -monophosphate	11	1.6~43
cZ	*cis*-Zeatin	31	0.2~76
cZR	*cis*-Zeatin riboside	28	0.1~28
cZOG	*cis*-Zeatin-O-glucoside	24	0.1~29
cZROG	*cis*-Zeatin riboside-O-glucoside	20	0.13~7.5
cZR5MP	*cis*-Zeatin riboside-5′ -monophosphate	11	0.1~6.9
tZ	*trans*-Zeatin	31	0.2~12
tZR	*trans*-Zeatin riboside	20	0.01~0.7
tZOG	*trans*-Zeatin-O-glucoside	30	0.3~44
tZR5MP	*trans*-Zeatin riboside-5′ -monophosphate	11	0.1~6.9
DHZ	dihydrozeatin	8	最多0.15

7. 赤霉素

赤霉素是一类重要的植物激素，参与控制种子萌发、茎的伸长、叶片伸展、表皮毛发育、根的生长，以及花和果实的发育等多种多样的发育和生长过程。采用 Urbanova 等（Urbanova，2013）开发的超高灵敏高效液相色谱法串联质谱分析，Stirk 等（Stirk，2013）在南非极大昆布和其他 24 种海藻中探测到了 18~24 种赤霉素。在对海藻生长激素作用的评价中，Jameson（Jameson，1993）认为海藻含有与植物赤霉素类似的赤霉素类化合物，海藻提取物引发植物反应的活性与赤霉素的活性一致，包括诱导淀粉酶活性和强化植物茎伸长（Rayorath，2008）。

三、蛋白质、氨基酸和脂质

海藻中的蛋白质含量在夏天时比较低，而在冬天比较高，其含量占海藻干重的 5%~47%（Cerna，2011）。Herbreteau 等（Herbreteau，1997）报道了海藻含有亚油酸、亚麻酸、花生四烯酸、二十碳五烯酸等必需脂肪酸。海藻中的脂肪酸具有抗菌作用（Rosell，1987）。海藻中的脂质在调节细胞膜的通透性和植物耐寒性上起关键作用（Rayorath，2009）。

四、矿物质

海藻含有丰富的矿物质（Rao，2007），尤其是褐藻含有 Ca、Mg、K、Na、P、S、I、Fe 等大量和微量营养元素。一些种类的海藻中含有高浓度的碘（Kupper，2008）。表 6-8 显示在提取海藻酸后，残留的海藻渣含有丰富的矿物质成分和植物生长激素。

表6-8　海藻渣的化学组分（张国防，2016）

检测项目	检测结果	检测项目	检测结果
有机质	61.6%	钼	1.34 mg/kg
C/N	22.07	果糖	3.8 mg/g
总养分（N/P/K）	2.7%/2.0%/1.3%	葡萄糖	11.3 mg/g
种子发芽指数（GI）	109%	甘露糖	5.65 mg/g
钙	53.07 g/kg	蔗糖	30.45 mg/g
镁	628.7 mg/kg	生长素	71.79 mg/kg
硫	2284 mg/kg	赤霉素	14.4 mg/kg
铁	3782 mg/kg	吲哚乙酸	3.98 mg/kg
锰	423.7 mg/kg	细胞激动素	5.71 mg/kg
铜	4.35 mg/kg	脱落酸	5.53 mg/kg
锌	43.89 mg/kg	吲哚丁酸	3.99 mg/kg
硼	39.28 mg/kg		

第四节 海藻活性成分对植物生长的影响

一、多糖、矿物质和微量元素

褐藻、红藻等海藻中含有丰富的陆地植物中所不存在的复杂多糖（Craigie，1990；Chizhov，1998；Duarte，2001），例如泡叶藻、墨角藻等褐藻含有海藻酸、岩藻多糖、褐藻淀粉等多糖成分（Lane，2006）。在这三种多糖中，褐藻淀粉和岩藻多糖显示了一系列的生物活性。尽管其在植物生长中的直接影响尚未被报道，已经有很多研究显示硫酸酯化的岩藻多糖在哺乳动物系统中的生物活性（Angstwurm，1995；Mauray，1995）。褐藻淀粉可以刺激植物的自然防御反应，并参与诱导各种致病相关的蛋白的基因编码（Fritig，1998；van Loon，1999）。

二、植物激素

液态海藻提取物的组成非常复杂，含有种类丰富的多种植物生长调节剂。海藻肥中的矿物质成分不能单独刺激植物的增长（Blunden，1972；Blunden，1991）。根据对海藻肥促进各种植物生长的观察，可以认为海藻肥中含有对植物生长产生调节作用的物质（Williams，1981；Tay，1985；Mooney，1986）。大量科学研究显示了海藻提取液中植物生长调节剂的分子结构，对其作用机理也有了新的理解。此外，海藻提取物对植物生长引起的一系列刺激作用说明其含有很多种对植物生长有刺激作用的物质（Crouch，1993），例如细胞分裂素在新鲜海藻和海藻提取物中均可以检测到（Brain，1973）。海藻肥中的细胞分裂素包括反玉米素、反玉米素核苷，以及这两种物质的各种二氢化衍生物（Stirk，1997）。液相色谱和质谱分析显示，31 种海藻中玉米素和异戊烯基缀合物是主要的细胞分裂素（Stirk，2003）。海藻提取物中也含有芳香族细胞分裂素苄基氨基嘌呤（Stirk，2003）。

Stirk 等（Stirk，2014）在 Kelpak ™海藻肥中发现有植物激素油菜素甾醇。除了油菜素甾醇，在 Seasol ™海藻提取物中发现有植物激素独脚金内酯。但是由于其成分复杂，试验中很难把海藻肥促进植物增长的作用与其含有的各种活性成分建立直接的联系（Yusuf，2012）。油菜素甾醇和独脚金内酯具有海藻肥应用于植物生长的一些独特的性能，对开花、植物结构、抗逆性起重要作用（Divi，2009），也在植物免疫系统中起作用（Belkhadir，2012）。独脚金内酯的作用是刺激种子萌发，目前最新研究显示其在植物抗旱、抗盐、养分反应等方面可起到应激调节剂的作用（Marzec，2013；Ha，2014）。从农艺学的角度看，外源施加这些植物刺激素能提高产量（Divi，2009；Hayat，2012；Ha，2014）。

海藻含有丰富的生长素和生长素类物质，例如每克干重的泡叶藻提取物中的吲哚乙酸（IAA）含量高达50mg（Kingman，1982）。极大昆布提取物对绿豆根系生长显示出的促进作用与生长素产生的影响一致，气相色谱和质谱的测试结果显示其含有吲哚类化合物。在紫菜等其他种类的海藻中也存在生长素，其含量较褐藻中的含量低（Zhang，1993）。在高等植物中，吲哚乙酸与羧基、聚糖、氨基酸、多肽等形成缀合物，只有在水解后才转化为自由的吲哚乙酸而产生活性（Bartel，1997）。Stirk等（Stirk，2004）在极大昆布和巨藻提取物中发现多种吲哚乙酸与氨基酸等化合物的缀合物。在泡叶藻、墨角藻以及其他海藻提取物的碱性水解产物中也有具有生物活性的生长素类化合物（Buggeln，1971）。

三、甜菜碱

泡叶藻提取物中含有各种甜菜碱、类甜菜碱物质（Blunden，1986）。在植物中，甜菜碱可以缓解盐度和干旱胁迫下的渗透胁迫。用海藻肥处理植物后，叶子中的叶绿素含量得到加强（Blunden，1997），其原因是在甜菜碱作用下，叶绿素的降解速度有所下降（Whapham，1993）。叶绿素含量的增加会导致产量的增加，这一现象与海藻肥中的甜菜碱密切相关（Genard，1991）。有报道指出甜菜碱在低浓度下起到氮源的作用，而在高浓度下起到渗透剂的作用（Naidu，1987）。

四、甾醇

与很多真核细胞相似，甾醇是海藻中一类重要的脂质。一般的植物细胞含有一系列甾醇类化合物，如谷甾醇、豆甾醇、二四亚甲基胆甾醇、胆甾醇等（Nabil，1996）。绿藻主要含有麦角甾醇和亚甲基胆甾醇，红藻主要含有胆甾醇及其衍生物，褐藻主要含有墨角藻甾醇及其衍生物。表6-9总结了绿藻、红藻、褐藻中常见的甾醇类化合物。

表6-9 绿藻、红藻、褐藻中常见的甾醇类化合物（Khan，2009）

绿藻	红藻	褐藻
22-Dehydrocholesterol	22-Dehydrocholesterol	22-Dehydrocholesterol
24-Methylenecholesterol	24-Methylenecholesterol	Cycloartenol
24-Methylenecycloartanol	Campesterol	24-Methylenecycloartenol
28-Isofucosterol	Cholesterol	24-Methylenecholesterol
Brassicasterol	Cycloartenol	Fucosterol
Cholesterol	Desmosterol	Cholesterol
Clerosterol	Fucosterol	Campesterol
Clionasterol	Stigmasterol	Stigmasterol
Codisterol	Brassicasterol	Brassicasterol
Cycloartannol	5-Dihydroergosterol	Clionasterol
Cycloartenol	D5 - Ergostenol	Porifasterol
Decortinol	Obusifoliol	
Decortinone	D4，5 - Ketosteroids	
Ergosterol	Sitosterol	
Fucosterol		
Isodecortinol		
Ostreasterol		
β-Stitosterol		
Zymosterol		
Chondrillasterol		
D5 – Ergostenol		
D7 – Ergostenol		
Poriferastenol		
24-Methylenophenol		

第五节　海藻肥活性成分的分析测定

海藻肥的应用功效与其含有的各种活性成分的含量密切相关。由于海藻原料的品种、采集海藻原料的时间、加工方法等方面存在不同，海藻肥中的天然植物生长调节物质、抗逆物质、有机活性成分的含量在不同的产品中有较大变化，产品的肥效也有较大差异。从工艺控制和产品质量保证的角度，有必要对海藻肥中的活性成分进行准确的分析测定，并建立严格的分析检测标准和产品质量标准。

国家工信部在 2016 年 10 月 22 日正式发布《海藻酸类肥料》化工行业标准，于 2017 年 4 月 1 日起正式实施。《海藻酸类肥料》化工行业标准由上海化工研究院、中国农业科学院农业资源与农业区划研究所等多家单位起草。该行业标准正式规定了海藻酸类肥料的术语和定义、产品类型和要求等，明确规定了海藻酸增效剂、海藻粉、海藻液、海藻酸类肥料、海藻酸包膜尿素、海藻酸复合肥料、含海藻酸水溶肥料等肥料类型的定义，以及这些肥料产品的主要技术指标。此项标准的正式发布和实施，对于规范海藻酸类肥料市场、引领肥料产业升级、推进化肥使用量零增长等具有重要意义，标志着我国海藻肥产业进入规范发展的新阶段。

海藻类肥料涉及的产品种类多、活性成分丰富、应用功效复杂，在其活性成分分析及产品质量控制方面还存在诸多挑战。例如就海藻肥中的海藻酸含量，目前不同企业和研究机构各自的检测方法不尽相同，没有统一的国家标准和行业标准，造成海藻肥中海藻酸含量的标识混乱。

在国家环保政策要求日益严格、农资市场大肥料行业行情下行的背景下，国内众多知名的复合肥企业都在寻求产品开发的突破口。海藻提取精制后添加到各种肥料中可有效进行肥料增效，这种增值肥料产品改变了过去单纯依靠调控肥料营养功能改善肥效的技术策略，通过生物活性增效载体与肥料相结合，实现“肥料 - 作物 - 土壤”综合调控，可以大幅度提高肥料利用率，使其成为新型肥料的一个重要发展方向，同时也为海藻活性成分的分析检测提出了更加多样化的检测要求。

一、海藻肥中主要活性成分的检测方法和测定原理

经过很多年的创新发展，我国海藻类肥料行业在新产品、新技术的开发和应用方面取得了很大的进步，缩小了与世界先进水平的距离，在海藻肥中主要活性成分的检测方面也建立了一系列的技术手段、检测方法和标准。表 6-10 总结了海藻肥中主要活性成分的检测方法和测定原理。

表6-10 海藻肥中主要活性成分的检测方法和测定原理

成分	检测方法	测定原理
海藻多糖	苯酚硫酸法	海藻多糖经水解生成葡萄糖，与苯酚反应生成橙色化合物，在490nm波长处用分光光度计测定
海藻酸	咔唑法	海藻酸经水解生成糖醛酸，糖醛酸与咔唑反应生成紫红色化合物，在530nm波长处用分光光度计测定
	间羟联苯法	多聚己糖醛基经含四鹏酸钠的硫酸作用后可进一步与间羟基联苯反应形成紫红色化合物，在520nm处有最大吸收
海藻蛋白	氨基酸分析仪、凯氏定氮法	蛋白质经水解生成氨基酸，经氨基酸分析仪可测定其含量

续表

成分	检测方法	测定原理
微量元素	原子分光光度法	不同元素的原子可以吸收特定波长的光，根据吸收度的大小计算该元素的含量
植物生长调节物质	液相色谱法	分别测定不同种类的生长素的含量后加和

二、海藻酸的检测方法

海藻酸是褐藻提取物中的主要有机活性成分，是一种由单糖醛酸线性聚合成的多糖，特异存在于褐藻细胞壁和细胞间质中，起到强化细胞壁的作用。海藻酸的分子式为（$C_6H_8O_6$）$_n$，相对分子质量范围从1万到60万不等（刘金凤，2015）。由于品种、产地和气候环境的不同，不同种类的褐藻有其独特的结构和生物特性，从不同的褐藻中提取出的海藻酸也有不同的化学结构和理化性能。在农业生产中，海藻酸的凝胶特性、螯合特性和亲水特性有重要的应用价值，是海藻类肥料的一个主要活性成分。目前，海藻肥中海藻酸含量的检测尚无国家标准或行业标准，生产企业使用的是各自的企业标准。

国家农业部在2000年正式设立了“含海藻酸水溶性肥料”这一新型肥料类别，使海藻酸肥料有了市场准入的身份。2012年，农业部基于国内海藻肥市场混乱、检测标准不规范等原因，取消了“含海藻酸水溶性肥料”的分类，归入有机水溶肥料类。

由于应用功效显著，目前国内外海藻酸类肥料进入了高速发展时期，在增产、抗寒、抗旱、抗病等方面有显著的效果，但是由于缺乏科学的检测标准，市场上的海藻肥产品质量参差不齐。建立科学的检测标准、规范我国海藻类肥料市场、进一步让海藻肥有合法的市场准入，是当前海藻肥行业发展面临的一个十分紧迫的问题。

目前行业内使用最多的海藻酸含量检测方法有咔唑-紫外分光光度法和间羟联苯法、高效液相法、重量法、容量法等（刘金凤，2015），其中最常用的是咔唑-紫外分光光度法和间羟联苯法。咔唑-紫外分光光度法的原理是海藻酸经水解后生成D-甘露糖醛酸（+）和L-古洛糖醛酸（-），在强酸中与咔唑发生缩合反应成为紫红色化合物，此化合物在550nm处有特征吸收峰，可以用分光光度法定量测定。该方法的优点是步骤简单、易于操作、测试时间短。但在实际检测工作中发现，咔唑比色法存在较严重的干扰问题，比色反应应为红色，如果出现蓝色或者绿色，可能是出现了某些污染物。肥料样品中的磷酸根离子、硝酸根离子会使反应液呈现绿色造成干扰，并且多数离子存在干扰，其干扰程度为：Mn、As ≥ Cu、B ≥ Fe、Mg ≥ Ca、Zn、K，只有 Ca、Zn、K 等离子不会产生干扰，其余离子都会出现不同程度的绿色。该方法对中性糖也有一定程度的显色，同时测定的数值也有一定的波动性（Bitter，1962）。

间羟联苯法检测海藻酸含量近年来得到国内科研院所和生产企业的认可，其工作原理是糖醛酸与四硼酸钠作用后与间羟基联苯形成紫红色的化合物，在 520nm 处有最大吸收峰。间羟联苯对葡萄糖、蔗糖、糖蜜等中性糖稳定，几乎不显色，而对海藻酸类糖醛酸可以特异显色。该方法基本不受大、中、微量元素的影响，对大多数盐离子稳定不显色，操作简单，稳定性和重复性都比咔唑 - 紫外分光光度法好。不足之处是间羟联苯法会受到硝酸根离子和腐植酸盐的影响，在有硝酸根和腐植酸盐加入的情况下，海藻酸的检测结果有所下降（Blumenkrantz，1973）。

咔唑 - 紫外分光光度法和间羟联苯法都是比色法，实践检验中证明间羟联苯法更适用于海藻类肥料中海藻酸含量的测定。在中国农业科学院农业资源与农业区划研究所等单位前期研究的基础上，国家农业部在 2018 年 6 月 1 日颁布 NY/T 3174—2017《水溶肥料 - 海藻酸含量的测定》，该标准规定了水溶肥料中海藻酸含量测定的间羟联苯分光光度法试验方法，适用于以泡叶藻、马尾藻、海带等褐藻为原料，经过生物、化学、物理等方法提取加工制成的液体或固体水溶肥料，能准确检测出海藻肥中的有效海藻酸含量。

海藻酸含量也可以通过高效液相法检测，该方法对不同单糖组成单元的辨识度高、准确性好，适合定性分析。高效液相法的缺点是需要购买液相仪器和相关的分析液相柱，价格昂贵、投资大。另外，肥料配料中有腐植酸盐等深色物料，会对液相柱有较大的损伤，使检测成本提高（Qi，2012）。

针对海藻酸的第三类测试方法是重量法。海藻酸性质相对稳定，不溶于水和乙醇，可以利用此性质对其检测。测试时将肥料中的海藻酸盐溶解于水中，与酸反应后形成海藻酸沉淀，再用乙醇脱水烘干后测定海藻酸的重量。该方法的优点是简单易行，但是干扰因素较多，若体系中含有其他与酸反应形成沉淀的组分时，会对反应造成较大误差。因此该法只适用于杂质含量少的海藻肥中海藻酸的测定。

第四类测定海藻酸含量的方法是容量法，包括两种方法，其中第一种是用盐酸和乙醇处理样品，经烘干处理得到海藻酸粗品，再将海藻酸粗品与醋酸钙反应，经氢氧化钠溶液滴定，根据氢氧化钠的消耗量得到海藻酸的酸度值，然后依据海藻酸酸度值与海藻酸含量成正比的原理，计算出海藻酸的含量。第二种是海藻肥中的海藻酸盐与醋酸钙溶液反应生成不溶性的海藻酸钙后海藻酸钙再与盐酸反应生成氯化钙和不溶性的海藻酸，利用 EDTA 标准溶液滴定反应生成的钙离子,可计算出海藻酸含量。这两种方法的原理简单但实验操作过程复杂、试验时间长、影响因素多。

目前，各海藻肥生产企业的生产工艺不同、原材料差异大，选择的测试方法也有差异。据调查，目前企业标准中使用紫外分光光度法较多，检测数据比重量法、容量法更可靠。高效液相法由于仪器价格高，其应用受到一定的限制。咔唑 - 紫外分光光度法存在检测数值不稳定、易受外源添加物干扰的缺点。间羟联苯法是目前最适用于海藻酸含量检测的方法。

三、海藻及海藻提取物中植物激素的测定

除了海藻酸，海藻提取物还有甜菜碱、甘露醇、植物内源激素等大量有机、无机化合物。生长素、赤霉素、细胞分裂素、脱落酸等均已在海藻中发现（Craige，2011）。Gupta 等利用液 - 液萃取及高效液相色谱在石莼中同时检测到脱落酸、赤霉素、细胞激动素、吲哚乙酸等多种植物激素（Gupta，2011）。随着现代分子生物学检测手段的不断进步，各种植物内源激素可以得到定性和定量的检测，为海藻类肥料的研究开发和科学应用提供技术支撑（王泽文，2010）。

目前，植物激素的检测过程一般包括前处理、纯化和检测 3 个阶段。每个阶段都有不同的实验方法。

1. 前处理方法

前处理包括样品的分离、提取、除杂、浓缩等很多步骤，一般在前处理开始之前需要保证样品不受污染，对受试样品进行有效的处理和贮藏。根据相似相溶的原理选用合适的溶剂提取目标植物激素，提取过程中需要保证溶剂与样品不产生不可逆的化学反应。提取过程应该最大限度地提取出目标物质、尽可能减少其他干扰物质。

前处理中提取方法的选择十分重要。早期用于提取植物激素的方法有索氏提取法、振荡提取法、液 - 液分配提取法等，近年来发展出了超声波辅助提取法、固相萃取法、固相微萃取法、超临界流体萃取、微波辅助提取法和基质固相分散法等先进的提取方法，克服了早期技术和仪器设备普遍有耗时、耗力、重现

性低、耗提取溶剂的缺点，在可操作性、提取溶剂用量、提取时间等方面都有较大提升。

2. 纯化方法

样品纯化旨在除去海藻提取物样品中的干扰杂质和不需要物质，以提高检测的稳定性和灵敏性。目前，较常用的纯化方法有液 - 液分配法、固相萃取法、凝胶渗透色谱法和薄层层析法等。

3. 检测方法

（1）生物检测法　生物检测法是植物激素测定过程中最早使用的一种方法，也是到目前为止检测生物活性的一种常用方法。它主要利用植物激素对植物的调控反应，通过对植物组织以及器官呈现特异性反应进行测定（李素梅，2003）。常用的生物检测法有：①萝卜叶扩张分析法；②大麦叶感觉分析法；③莴苣下胚轴生长分析法；④ Amaranthus Caudatus 分析法；⑤烟草愈伤组织和茎组织分析法；⑥大豆组织分析法；⑦黄瓜种子子叶分析法等。早在 1940 年，van Overbeek（van Overbeek，1940）就使用燕麦胚芽鞘弯曲法检测了几种褐藻中吲哚乙酸的活性。2017—2023 年中国海藻肥行业发展研究分析与发展预测报告中总结了多种植物激素的检测方法，其中海藻提取物产品 Maxicrop 中细胞激动素的活性是 25~200mg/L，Algifert 产品中是 10~500mg/L，SM_3 产品中是 15~150mg/L。

赤霉素是一种重要的植物激素，早在 20 世纪 60 年代，科学家就已经发现海藻中含有赤霉素类似物，并且用不同的生物法测定了不同海藻中的赤霉素类活性物质。表 6-11 所示为在不同的海藻中检测赤霉素类活性物质时采用的检测方法。生物检测发现昆布属和浒苔属的海藻均有赤霉素活性。Maxicrop、Algifert、SM_3 等新鲜制备的商业海藻提取物产品中有赤霉素的活性，使用莴苣下胚轴生长分析法测定海藻提取物中的赤霉素活性是 0.03~18.4mg/L。

表6-11　海藻中赤霉素类活性物质的生物法检测（黄冰心，2001）

检测方法	海藻种类
大麦叶感觉分析法	甘紫菜（*Porphyra tenera*）
莴苣下胚轴生长分析法	石枝藻（*Lithotham nium calcarium*）
大豆组织分析法	浒苔（*Enteromorpha prolifera*）
黄瓜种子子叶分析法	无肋马尾藻（*S. fulvellum*）

通过生物检测法可以判断特定的海藻或海藻提取物中是否有特定的植物激素，并利用该激素的已知活性进行定性检测，获得有效数据。该方法的优点是通过测试，明确了海藻提取物对高等植物的生物效应，但是这种方法也存在很大的局限性。例如，海藻提取物中含有大量活性物质，这些活性物质之间存在协同作用或拮抗作用，使用不同的生物检测法对海藻的赤霉素类物质进行检测时，如果受到非特异性干扰而导致生长抑制现象，就不能单纯判定赤霉素发挥了作用。检测时需要在前处理过程中尽可能纯化所测定的组分，过程复杂、工作量大。生物检测法一般用于海藻粗提液的生物活性检测，无法对海藻提取物含有的活性物质的量进行精确测试（黄冰心，2001）。生物检测法的检测结果是寻找藻类中激素的第一步，经测试确定生物活性的存在后，有必要做进一步纯化鉴定。

（2）气相色谱（GC）检测法　气相色谱法具有灵敏度高、测试范围广的特点，可用于海藻提取物中所有内源活性物质的检测，通过与标准样品的共色层分离来鉴定待测样品中的激素及其含量。表6-12所示为气相色谱法检测海藻中植物激素的几个案例。

表6-12　气相色谱法检测海藻中的植物激素（黄冰心，2001）

藻类种名	检测方法	激素种类
甘紫菜（*Porphyra perforata*）	气相色谱法	乙烯
极大昆布（*Ecklonia maxima*）	气相色谱法	1-氨基环丙烷-1-羧酸
糖海带（*Laminaria saccharina*）	气相色谱法	脱落酸
仙菜（*Ceramium rubrum*）	气相色谱法	脱落酸
扁平松藻（*Codium latum*）	气相色谱法	乙烯

在操作过程中，气相色谱检测需要将海藻提取物提前处理成易挥发的物质，例如通过甲基化和三甲基硅烷化等处理后得到挥发性衍生物。不同的植物激素需要采用不同的衍生化方法，因此难以同时测定多个植物激素。因为无法排除杂质和污染物与标准品的共色层分离，测试结果有一定的局限性，特异的预纯化步骤可以保证测定结果的准确性。

（3）气-质联用（GC-MS）检测法　气-质联用技术是目前最常用的激素检测方法，它可以鉴定未知物质的准确化学结构，从而确认激素的性质，并对其精确定量，因此气 - 质联用法在对藻类中植物激素的研究方面得到的结果往往是结论性的。表 6-13 是气 - 质联用法检测海藻中细胞激动素的几个案例。

表6-13　气-质联用法检测海藻中细胞激动素（黄冰心，2001）

藻类种名	细胞激动素	检测部位
巨藻（*Macrocystis pyrifera*）	玉米素	幼叶
半叶紫菜（*Porphyra katadai*）	异戊烯基腺苷	全藻
印度钙扇藻（*Udotea indica*）	玉米素核苷、异戊烯基腺嘌呤	全藻
球状轮藻（*Chara globularis*）	玉米素核苷	全藻

（4）高效液相色谱法（HPLC）　高效液相色谱法已经在除乙烯外的四大类植物激素和生长调节剂的研究领域中不断发展应用，HPLC 配合紫外检测器已经成为内源植物激素分析的有效手段，可以同时测定海藻提取物中的多种内源激素，而且反相 HPLC 以极性极强的水溶液作为流动相更有利于激素的分离和测定。实际操作中，同时测定多种海藻提取物激素时经常出现多种内源激素分离差、峰形不良、严重拖尾等现象，因此必须选择合适的内源激素提取方法和色谱条件。与 GC 相比，HPLC 的检测器是薄弱环节，因为洗脱液与样品中的许多物质的物理性质相近，很难找到既通用又灵敏度很高的检测器（Baroja-fernandez，2002）。

（5）酶联免疫吸附法（ELISA）　近年来，免疫学技术应用于植物激素的测定有力地促进了激素定量研究的发展，其基本原理是利用抗原和抗体的特异性竞争结合。目前最常用的技术是酶联免疫吸附法（ELISA），该方法最大的优点在于特异性强、灵敏度高。Hirsch 等采用酶联免疫法分析了 64 种海藻，在所有被检测的海藻中都发现了脱落酸的活性，显示该方法的高灵敏性和应用潜力（Hirsch，1989）。实际应用中，抗体的制备较为复杂，最大的弱点是无法排除交叉反应引起的误差，高度的结合特异性不能保证检测准确，高浓度的与抗体有弱亲和力的物质也会干扰抗原结合，此外还需要了解一种植物激素的多种构型对不同抗体是否有不同的交叉反应。

（6）其他方法　除了上述几种分析测试方法，电化学分析法、生物传感器方法等也在植物激素的检测中得到应用。通过激动素对固定纳米管电极上物质的光信号增强作用，可以建立电化学发光的检测技术。通过在绿豆芽叶片上研制 IAA 生物传感器，也可成功检测植物激素（李春香，2003；刘香香，2013）。

经过几代科学工作者的共同努力，海藻中植物激素的检测方法已经初步形成一个体系，对各种植物源激素可以进行有效的定性和定量分析检测。

第六节　小结

海藻含有丰富的生物活性物质，包括海藻细胞外基质、细胞壁及原生质体的组成部分以及细胞生物体内的初级和次级代谢产物，其中初级代谢产物是海藻从外界吸收营养物质后通过分解代谢与合成代谢，生成的维持生命活动所必需的氨基酸、核苷酸、多糖、脂类、维生素等物质；次级代谢产物是海藻在一定的生长期内，以初级代谢产物为前体合成的一些对生物生命活动非必需的有机化合物，也称天然产物，包括生物信息物质、药用物质、生物毒素、功能材料等海藻源化合物。这些结构新颖、功效独特的天然化合物可以通过化学、物理、生物等作用机理对农作物的生长产生积极影响，是海藻类肥料优良使用功效的物质基础。

参考文献

[1] Abe H, Uchiyama M, Sato R. Isolation and identification of native auxins in marine algae[J]. Agri. Biol. Chem. Tokyo, 1972, 36: 2259-2260.

[2] Angstwurm K, Weber J R, Segert A, et al. Fucoidin, a polysaccharide inhibiting leukocyte rolling, attenuates inflammatory responses in experimental pneumococcal meningitis in rats[J]. Neurosci. Lett., 1995, 191: 1-4.

[3] Baroja-fernandez E, et al. Aromatic cytokinins in micropropagated potato plants[J]. Plant Physiology and Biochemistry, 2002, 40: 217-224.

[4] Bartel B. Auxin biosynthesis[J]. Annu. Rev. Plant Physiol. Plant Mol. Biol., 1997, 48: 51-66.

[5] Belkhadir Y, Jaillais Y, Epple P, et al. Brassinosteroids modulate the efficiency of plant immune responses to microbe-associated molecular patterns[J]. Proc. Natl. Acad. Sci. USA, 2012, 109: 297-302.

[6] Bitter T, Muir H M. A modified uronic acid carbazole reaction[J]. Analytical Biochemmistry, 1962, 4: 330.

[7] Blumenkrantz N, Asboe-Hanse G. New method for quantitative determination of uronic acids[J]. Analytical Biochemistry, 1973, 54: 484-489.

[8] Blunden G. The effects of aqueous seaweed extract as a fertilizer additive[J]. Proc. Int. Seaweed Symp., 1972, 7: 584-589.

[9] Blunden G, Jenkins T, Liu Y. Enhanced leaf chlorophyll levels in plants treated with seaweed extract[J]. J. Appl. Phycol., 1997, 8: 535-543.

[10] Blunden G. Agricultural uses of seaweeds and seaweed extracts. In: Guiry M D, Blunden G(eds) Seaweed Resources in Europe: Uses and Potential[M]. Chicester: Wiley, 1991: 65-81.

[11] Blunden G, Cripps A L, Gordon S M, et al. The characterisation and quantitative estimation of betaines in commercial seaweed extracts[J]. Bot. Mar., 1986, 29: 155-160.

[12] Brain K R, Chalopin M C, Turner T D, et al. Cytokinin activity of commercial aqueous seaweed extract[J]. Plant Sci. Lett., 1973, 1: 241-245.

[13] Buggeln R G, Craigie J S. Evaluation of evidence for the presence of indole-3-acetic acid in marine algae[J]. Planta, 1971, 97: 173-178.

[14] Cerna M. Seaweed protein and amino acids as neutraceuticals[J]. Adv. Food Nutri. Res., 2011, 64: 297-312.

[15] Chizhov A O, Dell A, Morris H R, et al. Structural analysis of laminaran by MALDI and FAB mass spectrometry[J]. Carbohydrate Res., 1998, 310: 203-210.

[16] Craigie J S. Seaweed extract stimuli in plant science and agriculture[J]. J. Appl. Phycol., 2011, 23: 371-393.

[17] Craigie J S. Cell walls. In: Cole K M, Sheath R G(eds) Biology of the Red Algae[M]. Cambridge: Cambridge University Press, 1990: 221-257.

[18] Crouch I J, van Staden J. Evidence for the presence of plant growth regulators in commercial seaweed products[J]. Plant Growth Regul., 1993, 13: 21-29.

[19] Davies P J. Plant Hormones. Biosynthesis, Signal Transduction, Action, vol 3 [M]. Dordrecht: Kluwer, 2010.

[20] Divi U K, Krishna P. Brassinosteroid: a biotechnological target for enhancing crop yield and stress tolerance[J]. New Biotechnol., 2009, 26: 131-136.

[21] Duarte M E R, Cardoso M A, Noseda M D, et al. Structural studies on fucoidan from brown seaweed *Sagassum stenophyllum*[J]. Carbohydrate Res., 2001, 333: 281-293.

[22] Fritig B, Heitz T, Legrand M. Antimicrobial proteins in induced plant defense [J]. Curr. Opin. Immunol., 1998, 10: 16-22.

[23] Genard H, Le Saos J, Billard J P, et al. Effect of salinity on lipid composition, glycine betaine content and photosynthetic activity in chloroplasts of *Suaeda maritime*[J]. Plant Physiol. Biochem., 1991, 29: 421-427.

[24] Guiry M D, Blunden G. Seaweed Resources in Europe: Uses and Potential[M]. Chichester: Wiley, 1991.

[25] Gupta V, Kumar M, Brahmbhatt H, et al. Simultaneous determination of different endogenetic plant growth regulators in common green seaweeds using dispersive liquid-liquid microextraction method [J]. Plant Physiol. Biochem., 2011, 49: 1259-1263.

[26] Ha C V, Leyva- González M A, Osakabe Y, et al. Positive regulatory role of strigolactone in plant responses to drought and salt stress [J] . Proc. Natl. Acad. Sci. USA, 2014, 111: 851-856.

[27] Haug A, Myklestad S, Larsen B and Smidsrod O. Correlation between chemical structure and physical properties of alginates [J] . Acta Chem. Scand., 1967, 21: 768-778.

[28] Hayat S, AlyemeniM N, Hasan S A. Foliar spray of brassinosteroid enhances yield and quality of *Solanum lycopersicum* under cadmium stress [J] . Saudi. J. Biol. Sci., 2012, 19: 325-335.

[29] Hearst C, Nelson D, McCollum G, et al. Forest fairy ring fungi *Clitocybe nebularis* soil Bacillus spp., and plant extracts exhibit in vitro antagonism on dieback Phytophthora species [J] . Nat. Resour., 2013, 4: 189-194.

[30] Herbreteau F, Coiffard L J M, Derrien A, et al. The fatty acid composition of five species of macroalgae. Bot. Mar., 1997, 40: 25-27.

[31] Hirsch R et al. Abscisic acid content of algae under stress [J] . Botanica Acta, 1989, 102: 326-334.

[32] Jacobs W P, Falkenstein K, Hamilton R H. Nature and amount of auxin in algae- IAA from extracts of *Caulerpa paspaloides* (Siphonales) [J] . Plant Physiol., 1985, 78: 844-848.

[33] Jameson P E. Plant hormones in the algae [J] . Prog. Phycol. Res., 1993, 9: 239-279.

[34] Khan W, Rayirath U P, Subramanian S, et al. Seaweed extracts as biostimulants of plant growth and development [J] . J. Plant Growth Regul., 2009, 28: 386-399.

[35] Kingman A R, Moore J. Isolation, purification and quantification of several growth regulating substances in *Ascophyllum nodosum* (Phaeophyta) [J] . Bot. Mar., 1982, 25: 149-153.

[36] Kupper F C, Carpenter L J, McFiggans G B, et al. Iodide accumulation provides kelp with an inorganic antioxidant impacting atmospheric chemistry. Proc. Natl. Acad. Sci. USA, 2008, 105: 6954-6958.

[37] Lane C E, Mayes C, Druehl L D, et al. A multi-gene molecular investigation of the kelp (Laminariales, Phaeophyceae) supports substantial taxonomic re-organization [J] . J. Phycol., 2006, 42: 493-512.

[38] Lee R E. Phycology, 4th edn [M] . Cambridge: Cambridge University Press, 2008.

[39] Mackinnon S L, Hiltz D, Ugarte R, et al. Improved methods of analysis for betaines in *Ascophyllum nodosum* and its commercial seaweed extracts [J]. J. Appl. Phycol., 2010, 22: 489-494.

[40] Marzec M, Muszynska A, Gruszka D. The role of strigolactones in nutrient-stress responses in plants [J]. Int. J. Mol. Sci., 2013, 14: 9286-9304.

[41] Mauray S, Sternberg C, Theveniaux J, et al. Venous antithrombotic and anticoagulant activities of a fucoidan fraction [J]. Thromb Haemost, 1995, 74: 1280-1285.

[42] Mooney P A, van Staden J. Algae and cytokinins [J]. J. Plant Physiol., 1986, 123: 1-21.

[43] Nabil S, Cosson J. Seasonal variations in sterol composition of *Delesseria sanguinea* (Ceramiales, Rhodophyta) [J]. Hydrobiologia, 1996, 326 (327): 511-514.

[44] Naidu B P, Jones G P, Paleg L G, et al. Proline analogues in Melaleuca species: response of *Melaleuca lanceolata* and *M. uncinata* to water stress and salinity [J]. Aust. J. Plant Physiol., 1987, 14: 669-677.

[45] Prabhavathi V, Rajam M V. Mannitol-accumulating transgenic eggplants exhibit enhanced resistance to fungal wilts [J]. Plant Sci., 2007, 173: 50-54.

[46] Rao P V S, Mantri V A, Ganesan K. Mineral composition of edible seaweed *Porphyra vietnamensis* [J]. Food Chem., 2007, 102: 215-218.

[47] Rayorath P, Khan W, Palanisamy R, et al. Extracts of the brown seaweed Ascophyllum nodosum induce gibberellic acid (GA3) -independent amylase *activity in barley* [J]. J. Plant Growth Regul., 2008, 27: 370-379.

[48] Rayorath P, Benkel B, Hodges D M, et al. Lipophilic components of the brown seaweed, *Ascophyllum nodosum*, enhance freezing tolerance in *Arabidopsis thaliana*. Planta, 2009, 230: 135-147.

[49] Rosell K G, Srivastava L M. Fatty acids as antimicrobial substances in brown-algae [J]. Hydrobiologia, 1987, 151: 471-475.

[50] Qi X, Mao W, Gao Y et al. Chemical characteristic of an anticoagulant-active sulfated polysaccharide from *Enteromorpha clathrata* [J]. Carbohydrate Polymers, 2012, 90 (4): 1804-1810.

[51] Sahoo D, Seckbach J. The Algae World [M]. Dordrecht: Springer, 2015.

[52] Sanderson K J, Jameson P E, Zabkiewicz J A. Auxin in a seaweed extract: identification and quantitation of indole-3-acetic acid by gas chromatography-mass spectrometry [J]. J. Plant Physiol., 1987, 129: 363-367.

[53] Smidsrod O and Haug A. Dependence upon the gel-sol state of the ion-exchange properties of alginates [J]. Acta Chem. Scand., 1972, 26: 2063-2074.

[54] Smidsrod O, Haug A and Whittington S G. The molecular basis for some physical properties of polyuronides [J]. Acta Chem. Scand., 1972, 26: 2563-

2564.
[55] Stirk W A, Arthur G D, Lourens A F, et al. Changes in cytokinin and auxin concentrations in seaweed concentrates when stored at an elevated temperature [J] . J. Appl. Phycol., 2004, 16: 31-39.
[56] Stirk W A, Bálint P, Tarkowská D, et al. Hormone profiles in microalgae: gibberellins and brassinosteroids [J] . Plant Physiol Biochem, 2013, 70: 348-353.
[57] Stirk W A, van Staden J. Isolation and identification of cytokinins in a new commercial seaweed product made from *Fucus serratus* L. [J] . J. Appl. Phycol., 1997, 9: 327-330.
[58] Stirk W A, Novak M S, van Staden J. Cytokinins in macroalgae [J] . Plant Growth Regul., 2003, 41: 13-24.
[59] Stirk W A, Tarkowská D, Turečová V, et al. Abscisic acid, gibberellins and brassinosteroids in Kelpak®, a commercial seaweed extract made from *Ecklonia maxima* [J] . J. Appl. Phycol., 2014, 26: 561-567.
[60] Tarakhovskaya E R, Maslov Y I, Shishova M F. Phytohormones in algae. Russ J. Plant Physiol., 2007, 54: 163-170.
[61] Tay S A, Macleod J K, Palni L M, et al. Detection of cytokinins in a seaweed extract [J] . Phytochemistry, 1985, 24: 2611-2614.
[62] Urbanová T, Tarkowská D, Novák O, et al. Analysis of gibberellins as free acids by ultra performance liquid chromatography–tandem mass spectrometry [J] . Talanta, 2013, 112: 85-94.
[63] van Loon L C, van Strien E A. The families of pathogenesis related proteins, their activities, and comparative analysis of PR-1 type proteins [J] . Physiol Mol. Plant Pathol., 1999, 55: 85-97.
[64] van Overbeek. Auxin in marine algae [J] . Plant Physiol, 1940, 15: 291-299.
[65] Vera J, Castro J, Gonzalez A, et al. Seaweed polysaccharides and derived oligosaccharides stimulate defense responses and protection against pathogens in plants [J] . Mar. Drugs, 2011, 9: 2514-2525.
[66] Whapham C A, Blunden G, Jenkins T, et al. Significance of betaines in the increased chlorophyll content of plants treated with seaweed extract [J] . J. Appl. Phycol., 1993, 5: 231-234.
[67] Williams D C, Brain K R, Blunden G, et al. Plant growth regulatory substances in commercial seaweed extracts [J] . Proc. Int. Seaweed Symp., 1981, 8: 760-763.
[68] Yusuf R, Kristiansen P, Warwick N. Potential effect of plant growth regulators on two seaweed products [J] . Acta Horticult., 2012, 958: 133-138.
[69] Zhang W, Yamane H, Chapman D J. The phytohormone profile of the red alga *Porphyra perforate* [J] . Bot. Mar., 1993, 36: 257-266.

［70］张宗俭，邵振润，束放. 植物生长调节剂科学使用指南［M］. 北京：化学工业出版社，2015.
［71］张国防，秦益民，姜进举. 海藻的故事［M］. 北京：知识出版社，2016.
［72］秦益民，刘洪武，李可昌，等. 海藻酸［M］. 北京：中国轻工业出版社，2008.
［73］刘金凤，张娟. 海藻酸的农业应用及测定方法研究［J］.中国果菜，2015，（8）：20-23.
［74］王泽文. 海藻植物生长调节剂的检测及促生长作用的研究［D］.青岛：中国海洋大学，2010：9-12.
［75］李素梅，张自立，姚彦如. 植物激素检测技术的研究进展［J］. 安徽农业大学学报，2003，30（2）：227-230.
［76］黄冰心，韩丽君，范晓.海藻中的植物激素检测方法［J］. 海洋科学，2001，25（10）：28-30.
［77］李春香，李劲，萧浪涛，等. 植物激素吲哚乙酸电化学生物传感器的研究［J］. 分析科学学报，2003，19（3）：205-208.
［78］刘香香，万益群. 导数同步巧光法同时测定吲哚-3-乙酸和萘氧乙酸［J］. 分析试验室，2013，32（8）：7-10.

第七章

海藻肥的应用功效

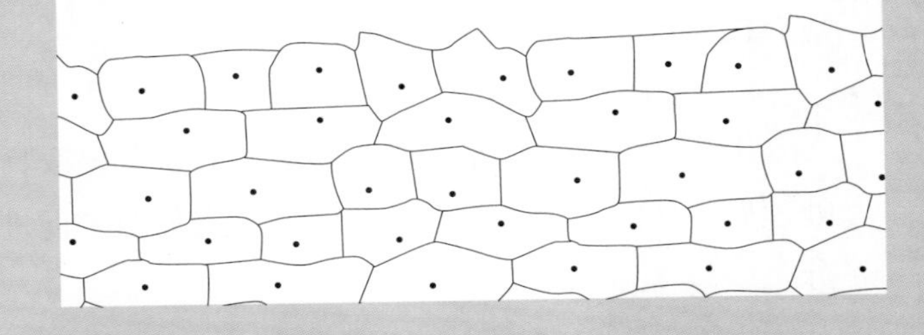

第一节　概述

海藻肥已经有很长的发展历史，其优良的应用功效在农业生产、园艺、花卉种植等领域已经得到证实。当今世界人类对食品数量和质量的要求在不断提高，而气候变化异常、土壤盐碱化等因素给农业和食品产业带来新的挑战，同时也为海藻肥的发展带来全新的发展机遇。面向未来，海藻肥的独特应用功效将在21世纪绿色农业发展中起重要作用。在此过程中，海藻肥的品种、质量及应用研究也将进一步扩大和提升，尤其是随着对作用机理的进一步理解，产品的配方、使用方法及活性成分的缓控释放等领域的进展将为海藻肥的发展提供新的动力。

全球各地在科学研究和生产实践中总结出海藻肥对农作物生长的功效包括改善发芽、促进根系发育和矿物质吸收、改善芽的生长和光合作用、改善农作物的营养和健康、提高产量、改善农产品品质等。作为一类新型肥料，海藻肥与传统肥料和其他新型肥料相比的优势包括以下几个方面。

1. 纯天然特性

以海洋源生物材料经过研磨、熟化、发酵、螯合等先进工艺精制成的海藻类肥料是一种无污染、无公害的纯天然生物有机肥料。

2. 不污染土壤

海藻类肥料是天然土壤改良剂，其含有的海藻酸是土壤调节物质，不但不产生污染源，还可以修复污染土壤、预抗土壤恶化。

3. 改善土质

海藻肥可促进土壤颗粒结构的形成，增加土壤中的有益微生物和土壤的生物活力，其所含的多糖、多酚等海藻活性物质可改善土壤结构、增加土壤透气保水能力，施用后能有效解决土壤盐碱化及土壤板结问题，并且可与化肥复配成有机-无机复合肥，增强肥效。

4. 全面的植物营养

海藻肥的核心营养元素是纯天然的海藻提取物——海藻酸，经过特殊工艺处理后，从海藻中提取的精华物质极大保留了促进植物生长的各种天然活性成分。

5. 快捷的肥效

海藻肥中的营养元素极易被植物吸收，施用后 2~3h 即可进入植物体内。

6. 独特的促生长功效

海藻肥可显著促进作物根系发育，提高光合作用，强壮植株，改善作物品质，增强抗病、抗寒、抗旱能力，促进果实早熟。

7. 很好的抗逆性

海藻肥可与植物及土壤生态系统和谐作用，有利于根系生长，有效提高作物的抗逆性。

8. 巨大的发展潜力

海藻肥含有 60 多种有效成分与活性物质，能促使植物建立起一个健壮的根系，增进其对土壤养分、水分与气体的吸收能力，加快植物细胞分裂，延迟细胞衰老，在现代农业生产中有巨大的发展潜力。

实际生产中，以大型海藻为原料制备的海藻类肥料起到农用生物刺激素的作用，其主要活性成分是源自海藻的各类植物生长调节剂（Crouch，1992；Crouch，1993）。总的来说，海藻肥具有以下功效（Shekhar Sharma，2014；Khan，2009）。

（1）促进根际细菌增长（Promote rhizobacteria）；

（2）抑制土壤传播疾病和线虫病（Suppression of soil borne disease and nematodes）；

（3）促进根系健康生长（Promote healthy root growth）；

（4）提高萌发率（Improve germination rates）；

（5）改善生节（Improve nodulation）；

（6）降低热和霜冻的影响（Minimize effect of heat and frost）；

（7）加强细胞壁抗虫、抗真菌（Strengthen cell walls against insect and fungal attack）；

（8）促进发芽和开花（Promote budding and flowering）；

（9）提高块根作物品质（Improve root crop quality）；

（10）提高品质、大小、口味和产量（Increase quality，size，taste and yield）。

图 7-1 所示为海藻肥的主要应用功效。

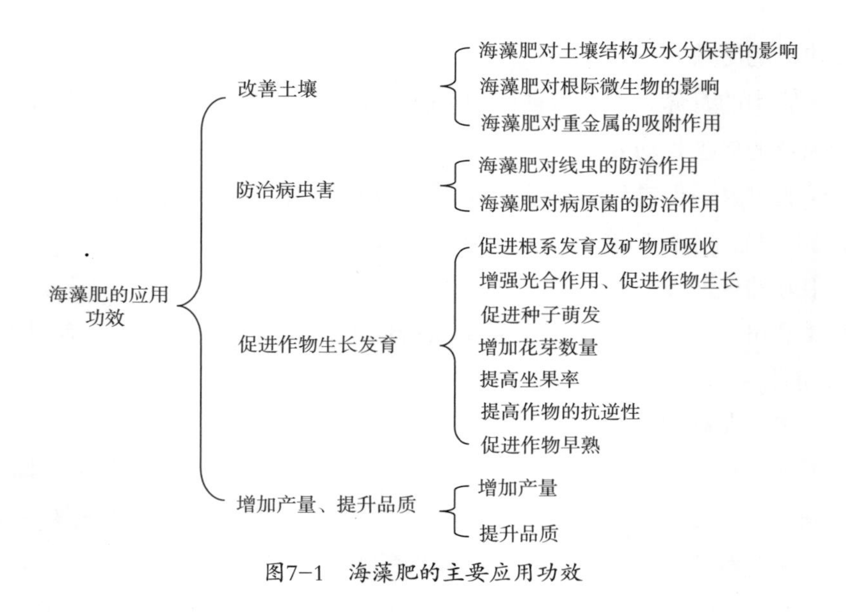

图7-1　海藻肥的主要应用功效

第二节　海藻肥的功效

农业生产中海藻肥通过改善土壤、促进植物生长、防治病虫害等作用起到提高产量、改善品质等功效。

一、海藻肥对土壤的影响

土壤是人类生存的基本资源，是所有农业生态系统的基底或基础，也是人类生活的承载空间。万物土中生，食以土为本。近年来，不合理的施肥导致化肥与农药大量在土壤和水体中残留，尤其是人们有意无意地向土壤加入不利于作物健康生长的各种有害元素，直接导致土壤污染，不但通过土壤间接污染水体，还通过发出的气体破坏大气层组织，对与人们生活息息相关的农产品也造成污染，形成人体健康的一大危害源。

海藻肥是天然的土壤调节剂，施用海藻肥不但能螯合土壤中的重金属离子、减轻污染，还能促进土壤团粒结构的形成、直接或间接增加土壤有机质。海藻肥中富含的维生素等有机物质和多种微量元素能激活土壤中多种微生物、增加土壤生物活动量，从而加速养分释放，使土壤养分有效化。

1. 海藻肥对土壤结构及水分保持的影响

土壤恶化的一个共同特点是团粒结构的不断减少。团粒结构是全球公认的最佳土壤结构，是由若干土壤单粒粘结在一起形成团聚体的一种土壤结构，其中单粒间形成小孔隙、团聚体间形成大孔隙，因此既能保持水分，又能保持通气，既是土壤的小水库，也是土壤小肥料库，能保证植物根的良好生长。海藻酸盐具有凝胶特性，可促进土壤团粒结构形成、稳定土壤胶体特征，优化土壤水、肥、气、热体系，提高土壤物理肥力。

通过改善土壤的持水性、促进土壤中有益微生物的生长等作用机理，海藻肥可以改善土壤健康，其所含的海藻酸盐、岩藻多糖等海藻多糖的亲水、凝胶、螯合重金属离子等特性在改善土壤性能中有重要价值（Cardozo，2007；Rioux，2007；Lewis，1988）。海藻酸盐在与土壤中的金属离子结合后形成的高分子量凝胶复合物可以吸收水分、膨化、保持土壤水分、改善团粒结构，由此得到更好的土壤通气性以及土壤微孔的毛细管效应，从而刺激植物根系生长、提高土壤微生物活性（Eyras，1998；Gandhiyappan，2001；Moore，2004）。海藻及单细胞藻类的阴离子性质对受重金属离子污染的土壤的修复有重要应用价值（Metting，1988；Blunden，1991）。

2. 海藻肥对根际微生物的影响

根际微生物（rhizosphere microbe）是在植物根系直接影响的土壤范围内生长繁殖的微生物，包括细菌、放线菌、真菌、藻类和原生动物等，可以在植物 - 土壤 - 微生物的代谢物循环中起催化剂作用。研究表明，海藻及其提取物可促进土壤有益微生物生长、刺激其分泌土壤改良剂、改善根际环境，从而促进作物生长。丛枝菌根真菌（arbuscular mycorrhizal fungi，简称 AMF）是一类广泛分布于林地土壤中的真菌类群，能与 80% 以上的陆地植物形成丛枝菌根（arbuscular mycorrhizal，简称 AM）。AM 可以改善宿主植物对磷、锌、钙等多种矿质元素和水分的吸收利用，提高植物激素的产生，促进宿主植物的生长。

多种海藻提取物是丛枝根菌真菌的生长调节剂，应用于土壤可引发土壤中有益微生物的生长，通过它们分泌出土壤调节物质，改善土壤性质，并进一步促进有益真菌的生长（Ishii，2000）。褐藻中提取的海藻酸在酶解后得到的寡糖可以明显刺激菌根及菌丝生长和延长，引发它们对三叶橙苗的传染性，促进真菌生长（Kuwada，2006）。Kuwada 等（Kuwada，1999）的研究结果显示褐藻的甲醇提取物对菌丝生长和根系生长有促进作用。褐藻的乙醇提取物在活体试验中可促进丛枝根菌真菌菌丝生长，诱导 AM 对柑橘的侵染。在柑橘园中喷施含有海藻提取物的液体肥料，丛枝根菌真菌孢子量比对照增加 21%，其侵染率提高 27%。也有研究表明，根施红藻和绿藻的甲醇提取物可显著促进番木瓜和西番莲果根际菌的生长与发育，与褐藻相似，红藻和绿藻中都含有丛枝根菌真菌生长调节剂，在高等植物根际菌发育中起重要作用（王杰，2011）。

3. 海藻肥对重金属的吸附作用

近年来，土壤的重金属污染成为一个日益严重的环保问题，其中污染土壤的重金属主要有汞（Hg）、镉（Cd）、铅（Pb）、铬（Cr）和类金属砷（As）等生物毒性显著的元素，以及有一定毒性的锌（Zn）、铜（Cu）、镍（Ni）等元素。土壤中的重金属主要来源于农药、废水、污泥、大气沉降等，如汞主要来自含汞废水、砷来自农业生产中的杀虫剂、杀菌剂、杀鼠剂、除草剂等。重金属污染可引起植物生理功能紊乱、营养失调，汞、砷能减弱和抑制土壤中硝化、氨化细菌活动，影响氮素供应。重金属污染物在土壤中的移动性很小，不易随水淋滤、不被微生物降解，通过食物链进入人体后的潜在危害极大，因此防治土壤的重金属污染势在必行。

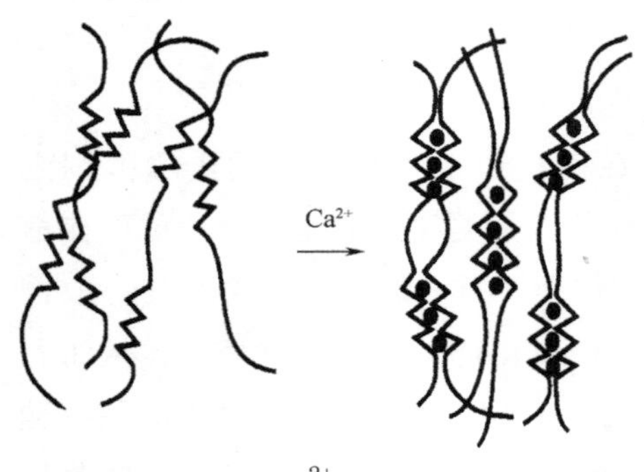

图7-2　海藻酸与Ca^{2+}结合形成“鸡蛋盒”状凝胶态交联结构

海藻酸是一种高分子羧酸，可以吸附土壤中的金属阳离子后形成海藻酸盐。如图 7-2 所示，海藻酸的主要吸附点是分子链外侧的羧基基团，其对重金属离子的吸附顺序为：$Pb^{2+}>Cu^{2+}>Cd^{2+}>Ba^{2+}>Sr^{2+}>Ca^{2+}>Co^{2+}>Ni^{2+}>Mn^{2+}>Mg^{2+}$。

土壤中的 Hg、Cd、Pb、Cr、Zn、Cu、Ni 等二价或多价金属离子与海藻酸结合后形成的海藻酸盐不溶于水，是一种有很强亲水性的高分子复合物，一方面使重金属离子失去活性，另一方面该复合物可吸收水分、膨胀，以保持土壤水分并改善土壤块状结构，有利于土壤气孔换气和毛细管活性，反过来刺激植株根系的生长和发育及增强土壤微生物的活性。除了海藻酸，海藻及单细胞藻类的聚阴离子特性对土壤的修复尤其是对重金属污染的土壤的修复具有重要价值。

二、海藻肥对病虫害的防治

植食性螨类主要有叶螨（俗称红蜘蛛）、瘿螨、粉螨、跗线螨、蒲螨、矮蒲螨、叶爪螨、薄口螨、根螨及甲螨等螨类，刺吸或咀嚼为害，绝大多数是人类生产的破坏者。叶螨是世界性 5 大害虫（实蝇、桃蚜、二化螟、盾蚧、叶螨）之一，它们吸食植物叶绿素，造成退绿斑点，引起叶片黄化、脱落。植食性螨类具有个体小、繁殖快、发育历期短、行动范围小、适应性强、突变率高和易发生抗药性等特点，是公认的最难防治的有害生物群落。近 40 多年来，由于人类在害虫防治措施上一度采用单一的化学药剂防治，使得叶螨由次要害虫上升为主要害虫，目前叶螨问题已成为农林生产的突出问题。非专一性杀螨剂的频繁使用，加重了螨类对作物造成的损失，在杀螨的同时也消灭了螨类天敌，许多次要害虫的数量有所上升，也造成了环境污染，对人类的生存环境提出了挑战。图 7-3 所示为农作物上常见的害虫。

海藻提取物中的海藻酸钠水溶液具有一定的黏结性和成膜性，干燥失水后能形成一种柔软、坚韧不透气的薄膜，能粘沾并窒息螨类、抑制螨类与外界的能量交换，达到杀螨的目的，已有研究证明海藻提取物中含有的金属螯合物可以减少红螨的数量。据报道，海藻提取物应用到草莓上可以显著降低二斑叶螨的数量。将海藻提取物喷施于苹果树上可减少红蜘蛛的数量，作为杀螨剂控制害螨。高金城等（高金诚，1987）的研究也表明，海藻酸钠是理想的茶树杀螨剂。

除了植食性螨类，刺吸式害虫是农作物害虫中另一个较大的类群。它们种类多，具有体形小、繁殖快、后代数量大、世代历期短等特点，发生初期往往受害状不明显，易被人们忽视，常群居于嫩枝、叶、芽、花蕾、果实上，吸取植物汁液，掠夺其营养，造成枝叶及花卷曲，甚至整株枯萎或死亡。同时诱发煤污病，有时害虫本身是病毒病的传播媒介，给农产品的品质和产量带来巨大的不利影响。当前大部分农户主要采用化学农药进行防治，不仅导致农产品残

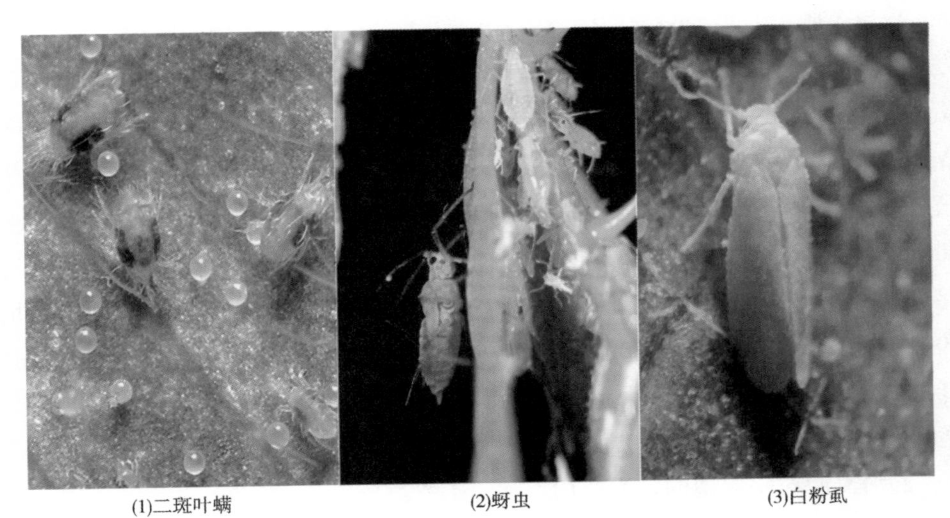

(1)二斑叶螨　(2)蚜虫　(3)白粉虱

图7–3　农作物上常见的害虫

留污染严重，还造成农业生态环境日趋恶化等诸多负面影响（周晓静，2017）。

研究发现，海藻中的一些化合物对刺吸式害虫有明显的抑制作用。海藻提取物中含多卤化单萜类化合物，这类化合物可作用于刺吸式害虫的神经系统，因此用海藻提取物处理过的植株可以避免蚜虫和其他刺吸式害虫的危害。赵鲁等（赵鲁，2008）的研究表明，在桃园喷洒海藻提取物后对红壁虱幼虫数量进行调查，对照区内时有出现，试验区则未出现，将海藻提取物作叶面喷洒或施用到土壤上均发现有驱除蚜虫等害虫的效果。红藻海头红提取物对烟草天蛾、夜蛾和蚊子幼虫均有很强的抑杀作用，且其杀虫效果超过沙蚕毒素类的巴丹（保万魁，2008）。王强等（王强，2003）的研究表明海藻提取物对温室栽培的黄瓜、甘蔗、香蕉、大头菜、草莓、烟草、韭菜等作物有防虫效果。

根结线虫是分布最广、为害最重的植物寄生线虫，已引起世界各国的关注，也是当前中国最重要的农作物病原线虫之一，已报道的有 80 多种，其中最常见的有南方根结线虫、花生根结线虫、爪哇根结线虫及北方根结线虫。根结线虫可使蔬菜、花生、大豆、烟草、甘蔗、柑橘、甘薯、小麦等作物受到不同程度的危害，给农业生产造成的损失很大，如花生根结线虫一般使花生减产 30%~40%，重则减产 70%~80%；烟草根结线虫一般使烟草减产 30%~40%，重则减产 60%~80%；大豆孢囊线虫严重的地方能使大豆减产 70%~80%。尽管目前化学农药可以有效控制线虫的危害，随着环保理念的进步，必将减少化学农药的使用，对根结线虫病进行系统的研究势在必行（文廷刚，2008）。

1. 海藻肥对线虫的防治作用

Featonby-Smith 和 van Standen（Featonby-Smith，1983）的研究表明，海藻提取物通过改变植株内源生长素与细胞分裂素比例，起到防线虫作用。De Waele 等（De Waele，1988）的研究表明，用海藻提取物处理玉米根，可使线虫繁殖率降低 47%~63%。海藻提取物可以强化植物对病虫害的防御功能（Allen，2001）。除了影响植物的生理和代谢，海藻肥也可以通过影响根际微生物群落促进植物健康，用海藻肥处理植物造成线虫感染下降（Wu，1997；Crouch，1993）。Allen 等（Allen，2001）的研究结果显示，海藻提取物可诱导植株增强抵抗病虫危害的能力，还可影响植株土壤微生物生长环境，改变植株生理生化指标及细胞新陈代谢，促进植株健壮生长。

2. 海藻肥对病原菌的防治作用

海藻活性物质能激发作物自身的抗细菌、真菌和病毒的能力，减少农药的使用量。农业生产中发现以下情况。

（1）施用海藻肥能提高植物对烟草花叶病毒的抗病毒能力。

（2）在卷心菜上使用海藻提取液抑制了终极腐霉菌的生长。

（3）叶面喷施泡叶藻提取液减少了辣椒疫霉菌感染。

（4）海藻肥降低番茄灰霉病发病率。

（5）海藻肥减轻水稻瘟枯病病情。

（6）海藻肥对秋季大白菜软腐病和霜霉病有明显的抗病效果。

研究表明，海藻提取物在病原菌防治方面具有重要作用。植株可通过分子信号激发子的诱导产生系统获得抗性（SAR），抵抗病原菌的侵染危害，其中诱导剂包括多糖、寡糖、多肽、蛋白质、脂类物质等一系列物质，这些物质均可在侵染病菌细胞壁中发现。许多海藻类多糖具有激发子的特性，如从褐藻中提取分离后得到的一些硫酸酯多糖，可诱导苜蓿和烟草多重防御反应的产生，叶面喷施墨角藻提取物可显著减少由辣椒疫霉病菌引起的辣椒疫霉病及葡萄霜霉病菌引起的葡萄霜霉病的发生。

近年来，随着气候、种植结构的变化，农作物细菌性病害的发生及其造成的损失逐年加重，在一些地区成为严重影响农业生产的主要病害。细菌性病害引起农作物腐烂、萎蔫、褪色、斑点等症状，严重影响产量和品质，给农户造成重大经济损失（陈亮，2010）。

海藻活性物质在防治农作物细菌性病害方面有其独特的性能。林雄平（林雄平，2005）的研究表明，海藻乙醇提取物对于引发甘薯薯瘟病（细菌性枯萎病）的青枯假单胞杆菌有较强的抗菌活性。海藻提取物喷洒棉花幼苗后，表现出了较强的抗细菌侵袭能力，种子萌发前用马尾藻提取物的水性制剂按 1∶500 溶液浸泡 12h，受野油菜黄单胞菌侵染的棉花幼苗会对细菌病原体产生非常大的抗性（Raghavendra，2007）。

在植物传染的病害中，真菌性病害的种类最多，占全部植物病害的70%~80% 及以上。植物的真菌性病害在我国属广泛分布病害，不仅在田间产生危害，还由于其潜伏侵染特性，危害果实，可使产量降低、果实失去商品价值。常见的真菌病害有腐烂病、炭疽病、轮纹病、白粉病、黑点病、干腐病等（邓振山，2006）。涂勇（涂勇，2005）的研究表明海藻中的活性物质可以有效降低豇豆锈病、白粉病的发生，对于大白菜黑斑病、马铃薯晚疫病、芒果炭疽病等都有一定的抑制作用。郭晓峰等（郭晓峰，2015）的研究也表明海藻酸对苹果腐烂病离体枝条的保护作用具有较好的效果。

除了细菌和真菌，植物病毒对寄主植物的危害素有“植物癌症”之称，病毒在侵染寄主后不仅与寄主争夺植物生长所必需的营养成分，还破坏植物的养分输导，改变寄主植物的代谢平衡和酶的活性，如多酚氧化酶和过氧化物同工酶的活性在病毒侵染后，植物的光合作用受到抑制，使植物生长困难，产生畸形、黄化等症状，严重时造成寄主植物死亡（邱德文，1996）。

近年来的研究发现，海藻提取物在预防和抵抗作物病毒性病害方面有明显效果。例如，海藻酸能通过提高烟叶中的POD（过氧化物酶）、SOD（超氧化物歧化酶）活性，降低超氧阴离子含量，提高烟叶的抗氧化能力，并通过促进烟叶中PR-1a基因和N基因的表达，提高烟叶的抗病能力。陈芊伊等（陈芊伊，2016）的研究表明海藻酸能有效钝化烟草花叶病毒（TMV）并抑制其复制增殖，钝化率可达到66.67%，复制增殖的抑制率可达34.67%。郭晓冬等（郭晓冬，2006）的研究表明海藻提取物对番茄黄瓜花叶病毒（CMV）具有较好的体外钝化效果，可明显降低感病番茄植株的病毒含量，降低病毒对叶绿体的伤害。

植物在防御病原体入侵的过程中涉及信号分子的感知，如寡糖、肽、蛋白质、脂质等病原体细胞壁中的很多成分（Boller，1995）。海藻提取物中的多种多糖成分是植物防御疾病过程中的有效诱导因子（Kloareg，1988）。研究显示，在卷心菜上使用海藻提取物可以刺激对真菌病原体有对抗性的微生物的生长和活性（Dixon，2002）。此外，海藻富含具有抗菌作用的多酚（Zhang，2006）。泡叶藻提取物与腐植酸一起应用在本特草上可以增加超氧化物歧化酶的活性，明显减少币斑病。研究显示，石莼提取物可诱导PR-10基因的表达，该基因属于对病毒攻击有抵抗作用的病程相关基因（van Loon，2006）。用海藻提取物处理紫花苜蓿后，增加了其对炭疽菌属的抵抗性，进一步研究显示海藻提取物引起152种基因的上调，其中主要涉及植物防御基因，如与植物抗毒素、致病相关蛋白、细胞壁蛋白质、氧脂素途径相关的基因（Cluzet，2004）。

三、海藻肥对作物生长发育的影响

1. 促进根系发育及矿物质吸收

海藻肥可以促进植物根系增长和发展，其对根系增长的刺激作用在植物生长的早期尤为明显（Jeannin，1991；Aldworth，1987；Crouch，1992）。在用海藻肥处理麦子后发现，根与芽的干重质量比有所上升，显示海藻肥中的活性成分对根系发育有重要影响（Nelson，1986），而灰化后的海藻肥失去了其对根系生长的刺激作用，说明其活性成分是有机物（Finnie，1985）。海藻肥对根系生长的促进作用在基肥和叶面施肥中都可以观察到（Biddington，1983）。实际应用中，海藻提取物的浓度是一个关键因素，Finnie 和 van Staden（Finnie，1985）的研究结果显示，按照海藻提取物∶水 =1∶100 的高浓度处理西红柿植物时，肥料对根系生长有抑制作用，浓度降低到 1∶600 时产生刺激作用。

一般来说，生物刺激剂可以通过改善侧根生成而改善根系发展（Atzmon，1994），其中主要的活性成分是海藻提取物中的内源生长素（Crouch，1992）。海藻肥可以改善根系的营养吸收，使根系有更好的水分和营养吸收效率，从而强化植物的增长和活力（Crouch，1990）。研究表明，海藻提取物在玉米、甘蓝、番茄、万寿菊等作物上均表现出良好的促根系生长、增加幼苗根系数量、增强根系活力、减少机械损伤等效果。经海藻提取物处理后，小麦的根茎干重比有所提高，这说明海藻中含有对小麦根系发育有促进作用的物质。图 7-4 是施用海藻肥的小麦（左）与普通小麦（右）根系的比较。

海藻肥在促进种子萌发方面也具有非常显著的效果。王强等（王强，2003）将番茄种子经液体海藻肥（稀释 500 倍）浸种 12h 后，发芽比对照加快 2~3d，并且发芽率高，出芽整齐。

2. 增强光合作用，促进作物生长

海藻提取物可以强化植物中叶绿素的含量（Blunden，1997）。用低浓度的泡叶藻提取物在西红柿土壤或在植株叶面施肥即可提高叶子中叶绿素的含量，

图7-4　施用海藻肥的小麦（左）与普通小麦（右）根系的比较

这是由于在甜菜碱的作用下降低了叶绿素的降解（Whapham，1993）。尽管海藻肥中含有不同的矿物质成分，但它不能提供植物生长需要的所有营养成分，因此其主要功效在于改善植物根系及叶子吸收营养成分的能力（Schmidt，2003；Vernieri，2005；Mancuso，2006）。

海藻酸钠寡糖是海藻酸钠在裂解酶作用下降解生成的一种低分子质量寡糖，具有调控植物生长、发育、繁殖和激活植物防御反应等功能。研究表明，叶面喷施 0.5mg/g 海藻酸钠寡糖可显著促进烟草幼苗株生长高度、增加叶面积，还能增加叶片叶绿素的含量。海藻酸钠寡糖通过调节烟草叶片的气孔导度，影响胞间 CO_2 浓度，进而促进光合速率的提高、促进植株生长。

海藻提取物中的甘氨酸 - 甜菜碱可延长离体条件下叶绿体光合作用活性，通过抑制叶绿素降解，增强光合作用。Blunden 等（Blunden，1986）报道，用泡叶藻提取物进行土壤浇灌后，矮秆法国豆、大麦、玉米和小麦的叶绿素含量均有增加。王强等（王强，2003）发现苗期及花前期同时喷施液体海藻肥可明显提高番茄中叶绿素含量，施用时以稀释 300 倍效果为最佳。在澳大利亚的一项研究中，以海洋巨藻为原料制备海藻肥的施用显著增加了西蓝花幼苗的叶数、茎直径和叶面积，与对照组相比分别增加了 6%、10% 和 9%，在澳大利亚的农场环境中提高了西蓝花的生长（Arioli，2015）。

3. 促进种子萌发

经海藻提取物处理的种子，呼吸速率加快、发芽率明显提高；用海藻肥浸泡大白菜种子后萌芽率提高 31%；用海藻肥浸种的小麦长势整齐，发芽率最高。很多研究已证实在此过程中起主要作用的是海藻提取物中的天然植物生长调节剂、海藻多糖等活性成分。

4. 增加花芽数量

1984 年，南非开普敦大学的园艺学家用不同种类的花做试验，证明海藻肥不仅能明显增加花芽数目（增加率达 30%~60%），且能使花期显著提前。山东省文登市科学技术协会原主席、高级农艺师黄国永介绍说："用了海藻肥以后，苹果叶片肥厚、叶色浓绿，容易形成短枝，这样能促使花芽分化，能够多结果实。"

5. 提高坐果率

海藻提取物能刺激作物提前开花、提高植株坐果率。例如，番茄幼苗经海藻提取物处理后较对照花期提前，且该种反应被认为是非应激反应。许多作物的产量与成熟期的花数量有关。花期的开始与发展、以及形成花的数量与作物发育阶段有关。海藻提取物可通过启动健康植株的生长，刺激花开。喷施过海藻提取物的作物产量增加，被认为与提取物中的细胞分裂素等植物生长调节剂有关。植物营养器官中的细胞分裂素与营养成分有关，而生殖器官中的细胞分裂素与营养物质的运输有关。在细胞分裂素的刺激下，果实可增加发育植株中营养物质的转移，将其储存起来，光合产物可从根、枝干、幼叶等营养部分向发育果实移动，用于果实的生长。图 7-5 是海藻肥促进苹果花芽分化、减少落花落果的效果图。

图7-5　海藻肥促进苹果花芽分化、减少落花落果

大棚试验结果表明，番茄花期喷施海藻提取物可使果实鲜重提高 30%，坐果率增加 50%，并改善果实品质。施用海藻精的番茄比对照株的株高、径粗、平均坐果率和产量均显著增加。

6. 提高作物的抗逆性

干旱、低温等非生物逆境会影响作物正常生长，降低其产量（Wang，2003）。大部分非生物逆境都是通过改变作物细胞的渗透压引起的，如氧化胁迫导致活性氧（超氧化物阴离子、过氧化氢等）的积累，这些物质破坏 DNA、脂类、蛋白质等物质，从而引起异常细胞信号（Mittler，2002；Arora，2002）。研究发现，在茄子、油菜、黄瓜、甘蓝、青菜、西芹、胡萝卜、番茄、白菜、辣椒等蔬菜上施用海藻肥，对提高其抗逆性有积极作用。田间试验证明，海藻提取液能提高作物的抗寒、抗干旱等非生物逆境能力，海藻肥叶面喷施到葡萄植株上，9d 后处理组叶片平均渗透势为 -1.57MPa，而对照组为 -1.51MPa，由此推测海藻提取液可通过降低作物叶片中的渗透压增强葡萄植株的抗冻能力。

有报告推测，海藻肥提高作物抗逆力可能与细胞分裂素有关。细胞分裂素可通过直接清除、阻止活性氧的形成以及抑制黄嘌呤氧化等方式抵抗逆境。活性氧含量是许多非生物逆境（如盐害、紫外线、极限温度等）对作物影响的指标之一，使用海藻提取液后，作物体内超氧化歧化酶、谷胱甘肽还原酶和抗坏血酸过氧化物酶的活性增加，提高了作物的抗逆能力。

泡叶藻提取物含有甜菜碱及其各种衍生物（Blunden，1986）。为了验证植物中叶绿素含量的增加与施用甜菜碱相关，有研究用已知的甜菜碱混合物处理作物（Blunden，1997），结果显示用海藻肥处理及用甜菜碱处理的农作物中叶绿素含量相似，63d 和 69d 后，用海藻肥的植物中叶绿素含量分别为 27.70 和 26.48 SPAD（soil-plant analysis development，Minolta Corporation，Japan），而用甜菜碱的分别为 27.30 和 23.60，两组与对照组相比均有较大的提升。该结果说明使用海藻肥可以增加叶绿素含量的原因可能是其中的甜菜碱活性成分（Blunden，1997）。用海藻提取物处理的植物也显示出耐盐和耐寒的特性（Mancuso，2006）。

尽管目前有很多试验数据显示海藻提取物产生抗逆性，其作用机理尚未充分理解。有报道显示这种抗逆性与海藻提取物中的细胞分裂素的活性相关，例如 Zhang 和 Ervin（Zhang，2004）开展实验以证实泡叶藻提取物对匍匐剪股颖（Creeping Bentgrass，也称本特草）的耐旱性。在受干旱的植物上用腐植酸和海藻提取物的混合物处理后，其根的重量增加了 21%~68%、叶片生育酚增加 110%、内源性玉米素核苷增加 38%。对泡叶藻中的内源性玉米素核苷和异戊烯基腺苷等细胞分裂素的系统分析显示，海藻提取物中大量的细胞分裂素，而灰化后的海藻提取物失去了促进植物的功效，说明其活性物质主要是有机成分（Zhang，2004）。

细胞分裂素通过直接清除自由基或避免活性氧类生成而减轻压力诱导产生的自由基（McKersie，1994；Fike，2001）。海藻提取物对本特草的耐热性主要归功于其含有的细胞分裂素（Ervin，2004；Zhang，2008）。活性氧类是盐度、臭氧暴露、紫外线照射、低温、高温、干旱等非生物逆境下的主要因素（Hodges，2001）。在草坪上使用泡叶藻提取物增加了可以清除超氧化物的抗氧化剂酶——超氧化物歧化酶的活性；高羊茅在用泡叶藻提取物处理后的 3 年内超氧化物歧化酶活性平均提高 30%（Zhang，1997）。

孙锦等（孙锦，2005）通过研究番茄幼株干重 / 鲜重比、离体叶片脱水速率以及叶片总叶绿素和脯氨酸的含量，证实海藻肥可增强番茄的抗旱能力，且脯氨酸含量越高，抗旱能力越强。同时，海藻提取物中的可溶性糖（主要为海藻多糖）可增大细胞质的黏度、提高其弹性，使细胞液浓度增大、水分的吸收能量和保水能力提高，并保持水解酶、蛋白酶和酯酶的稳定性，从而使质膜结构免受破坏，进而提高植株的抗旱性。

研究发现，季铵分子（例如甜菜碱和脯氨酸）作为主要的渗透调节剂在植物中起着重要作用，游离脯氨酸在细胞内的积累对于降低细胞内溶质的渗透压、均衡原生质体内外的渗透强度、维持细胞内酶的结构和构象、减少细胞内可溶性蛋白质的沉淀起到重要作用（李广敏，2001）。海藻肥中甜菜碱的存在可以诱导脯氨酸含量的提高，从而提高作物的抗逆性（张士功，1998）。

7. 促进作物早熟

孙锦等（孙锦，2006）的研究表明，施用海藻提取物可使蔬菜采收期提早6~14d，提高幅度因作物而异，其中对西芹采收期提早幅度最大，为14d，其次为黄瓜、胡萝卜、甘蓝、番茄和茄子，对辣椒提前幅度最小，为6d。

四、海藻肥对农作物产量和品质的影响

1. 增加产量

施用海藻提取物能使多种作物增产。通过在油麦菜、辣椒、白薯、黄瓜、土豆、苹果、柑橘、鸭梨、葡萄、桃树、玉米、小麦、水稻、大豆、棉花、茶叶、烟草等蔬菜、瓜果及粮油作物上的实验结果表明，海藻肥均能使作物产量显著增加，增产幅度在10%~30%。经海藻提取物处理的豆类植物，产量显著增加，平均增加量为24%。喷施海藻叶面肥显著提高了大蒜的产量，使其较对照组增产20%，大蒜蒜头横径和单头蒜重也明显增加。

海藻提取物对很多种农作物有促进早开花和结果的功效（Abetz，1983；Featonby-Smith，1987；Arthur，2003）。例如，番茄苗在用海藻肥处理后，开花早于对照组（Crouch，1992）。在很多作物中，产量与成熟的花的数量相关，作物成长期是开花的重要时期，海藻肥促进植物生根增长与其促进开花的功效密切相关。

研究显示，农作物产量的增加与海藻肥中的细胞分裂素等激素类物质相关（Featonby-Smith，1983；Featonby-Smith，1983；Featonby-Smith，1984）。细胞分裂素在植物营养器官中与营养分配相关，而在生殖器官中，高浓度的细胞分裂素与营养元素活化相关，水果的成熟一般会加快营养成分在植物中的运输（Hutton，1984；Adams-Phillips，2004），营养成分会在水果中积累（Varga，1974）。光合产物的分布从根、茎、叶等营养器官转移到发育中的果实中（Nooden，1978）。以番茄为例，用海藻肥处理的水果中的细胞分裂素含量高于未处理的对照组（Featonby-Smith，1984）。细胞分裂素在植物营养器官及生殖器官的养分元素转移中起作用（Gersani，1982；Davey，1978），海藻提取物加强了细

胞分裂素从根系到发育中的果实的转移，同时改善了水果内源细胞分裂素的合成（Hahn，1974）。海藻提取物处理过的植物根系的细胞分裂素含量较对照组高（Featonby-Smith，1984），使根系可以给成熟中的果实提供更多的细胞分裂素。有研究显示，发育中的果实和种子中显示出比较高的内源细胞分裂素含量（Crane，1964；Letham，1994），细胞分裂素含量的升高是其从根系向植物其他部位转移的结果（Stevens，1984；Carlson，1987）。

海藻提取物喷施在番茄植株上可以使其产量比对照组提高 30%，并且番茄的个体大、口感好（Crouch，1992）。万寿菊种苗在用海藻肥处理后，其开花数量及每朵花产生的种子数比对照组提高了 50%（van Staden，1994；Aldworth，1987）。在生菜、花菜、青椒、大麦等农作物上使用海藻肥均使产量提高、个体增大（Abetz，1983；Featonby-Smith，1987；Arthur，2003）。在叶面上使用海藻提取物可以使大豆产量提高 24%（Nelson，1984），在葡萄上应用海藻肥可以使葡萄个体尺寸增加 13%、重量增加 39%、产量增加 60.4%（Norrie，2006）。

2. 提升品质

海藻肥含有陆地植物生长所必需的 I、K、Na、Ca、Mg、Sr 等矿物质以及 Mn、Mo、Zn、Fe、B、Cu 等微量元素，以及植物生长素、细胞分裂素、赤霉素、脱落酸、甜菜碱等多种天然植物生长调节剂。这些生理活性物质可参与植物体内有机和无机物的运输、促进植物对营养物质的吸收，同时刺激植物产生非特异的活性因子、调节内源激素平衡，对植物生长发育具有重要的调节作用，且对果蔬外形、色泽、风味物质的形成具有重要作用，能显著提高作物产量、改善果蔬品质。

在黄瓜上施用海藻肥的试验显示，优质黄瓜比空白对照增加 22.7%、劣质黄瓜减少 20.4%，并且口味优良。在桃子、鸭梨上施用海藻提取物能提高单果重和果实硬度，增加果实的可溶性固形物含量。荷兰彩椒上施用海藻肥后，果形方正、畸形果少，果蔬保存时间明显延长。在烟草上施用海藻肥能提高上等烟的比例。

表 7-1 列出了海藻提取物对蔬菜品质的影响。孙锦等（孙锦，2006）的研究数据表明，海藻提取物可使辣椒干物质含量增加 13.8%，可溶性糖含量增加 4.1%，维生素 C 含量增加 23.3%；可使胡萝卜中胡萝卜素含量提高 45.0%，类胡萝卜素含量提高 29.2%，而胡萝卜素和类胡萝卜素主要影响肉质根的色泽。海藻提取物可使西芹粗纤维含量降低 6.6%，维生素 C 含量增加 10.4%；番茄有

机酸含量增加 11.3%，可溶性固形物增加 26.7%，维生素 C 含量提高 12.2%。

表7-1 海藻提取物对蔬菜品质的影响（孙锦，2006）

种类	测定项目	处理	对照	较对照/%
辣椒	干物质/%	9.9	8.7	13.8
	可溶性糖/（g/kg）	25.2	24.2	4.1
	维生素C/（mg/100g）	98.0	79.5	23.3
胡萝卜	胡萝卜素/（mg/100g）	5.8	4.0	45
	类胡萝卜素/（mg/100g）	6.2	4.8	29.2
西芹	粗纤维/（g/kg）	5.7	6.1	-6.6
	维生素C/（mg/100g）	8.5	7.7	10.4
番茄	有机酸/（g/kg）	5.9	5.3	11.3
	可溶性糖/（g/kg）	76.0	60	26.7
	维生素C/（mg/100g）	19.3	17.2	12.2

第三节 海藻肥的作用机理

尽管海藻肥在农业生产中优良的应用功效已经得到证实，但其作用机理还没有被分析出来。目前已经报道的作用机理研究聚焦在以下几个方面（Arioli，2015）。

一、植物生长调节剂

海藻提取物中已经被认定有多种植物生长调节剂，如生长素、细胞分裂素、赤霉素、脱落酸等（Tay，1985；Crouch，1992；Stirk，1997；Khan，2009；Kurepin，2014）。在早期的研究中，海藻肥对植物增长的促进作用经常与已知的生长调节剂进行对照试验（Craigie，2011）。在海藻中，玉米素等细胞分裂素是在澳大利亚商业化销售的以海洋巨藻为原料制备的 Seasol ™液体肥中最早被发现的（Tay，1985）。近期，Stirk 等（Stirk，2014）报道了在南非以极大昆布为原料制备的 Kelpak ™海藻肥中存在的油菜素甾醇以及赤霉素、脱落酸等活性物质。

二、渗透压缓冲作用

甜菜碱和脯氨酸等季铵盐分子在渗透压有重要变化的时候起到缓冲作用（Blunden，1986；Blunden，1986；Wani，2013；Karabudak，2014）。这些渗透压调节剂在植物耐逆过程中起重要作用，当耐逆程度增加时，它们被发现在生物体中富集（Calvo，2014）。已经有报道显示甜菜碱在泡叶藻、墨角藻、海带等褐藻中存在（Craigie，2011）。

三、海藻酸盐和多糖

海藻酸盐等多糖成分，包括一些硫酸酯化多糖，在植物生长中起多种作用。第一，可以促进根系生长，直接或间接地与微生物活性相关（Xu，2003；Khan，2012；González，2013）。第二，海藻多糖成分也可以触发植物的防御机制（Subramanian，2011）。第三，海藻多糖可诱导与发病的防御相关的植物基因表达（Vera，2011）。

四、矿物质、微量元素和甾醇

矿物质、微量元素以及甾醇等脂质类分子加强了植物的营养吸收，在植物生长中起重要作用（Mancuso，2006；Rayirath，2009）。海藻提取物中还存在很多植物中包含的各种分子，其对植物的促进作用尚待进一步研究（Rayirath，2009；Khan，2011）。生物信息学的研究发现海藻肥处理植物后，几百种基因对海藻肥中的成分作出反应（Nair，2012；Jannin，2013）。

五、海藻提取物的表型分型

为了理解海藻提取物在植物生长中的应用功效，新的技术手段已经应用于测试系统（Rayorath，2008）。该系统是自动化的，可以观察到植株表型等生物学特征，在系统集成相关数据后得出科学的结论（Summerer，2013；Brown，2014）。各种海藻提取物在理想状态下应用后的表型是一个全新的研究领域。作为一个案例，根或枝的生长可以用一系列高清图片来表示，通过每24h拍摄根的图片及测量根的长度，可以跟踪根的生长状况。类似的方法也可用于跟踪枝的生长状况。通过这个方法可以比较海藻提取物处理的作物生长与对照组之间的区别，也可以研究不同浓度和组成的海藻提取物的应用功效。

此外，应该认识到海藻提取物在海藻的种类、提取工艺条件、稳定性等方面各不相同（Stirk，2014），它们引起植物响应的功效也与应用的速度、应用的频率以及在植物生长的阶段有关。目前还需要有更多的研究建立为了达到最佳使用效果的应用方法，使农业生产效率和经济效益最大化。

第四节　海藻肥的发展前景

海藻与海藻生物制品在农作物生产中的应用正在变得越来越广泛。在食品生产面临气候变化带来的生物和非生物胁迫挑战的当下，海藻肥的独特功效为绿色生态农业的发展提供了一个有效的技术解决方案。表 7-2 所示为海藻肥在农作物生长的各方面产生的效果及其对土壤的改良作用。

表7-2　海藻肥在农作物生长中产生的效果及其对土壤的改良作用

分类	效果表现
根	促进生根，减少黄根等根部病害发生
茎	促进茎秆茁壮，控旺、防徒长
叶	叶片柔韧、平展，叶脉清晰，叶缘整齐
	提高光合效能，增加光合产物积累
花	促进花芽分化，减少落花落果
果　实	增加产量，提高品质，表光好，耐贮存
种　子	促进种子萌发，提高发芽率和发芽势
	促进种子形成，提高千粒重
抗　性	提高作物抗病能力，减少农药化肥用量
	增强作物抗冻、抗倒伏、抗涝、抗旱等抗逆能力
生　物	驱避蚜虫、粉虱等害虫，抑制病毒病
解　毒	解药害（尤其是除草剂药害）、肥害
增　效	与农药混用，扩大液体与叶片的接触面积
早　熟	提前成熟7~10d
土　壤	改良土壤结构，打破板结，促进团粒结构形成
	减轻土壤盐渍化、酸化等土壤衰退现象
重金属	钝化土壤重金属，减少重金属毒害
微生物	促进根际微生物生长，抑制病菌生长，改良微生态
昆　虫	对地下害虫如蝼蛄、小地老虎等有一定驱避作用
肥　效	肥效更持久、稳定，对土壤和环境友好
利用率	与无机化肥相比，利用率大幅提高

尽管海藻肥对种子引发和早期生长的功效已经有很多报道，也有报道显示其对发芽有抑制作用。在叶面施肥过程中，也有海藻肥抑制植物生长的报道，其中海藻肥的浓度是一个重要的因素。其原因可能是海藻肥中的盐等组分对植物正常的生理发展过程产生的一定负面影响。对产品配方的改善及对其作用机

理更好的理解是消除这些负面因素的主要方法。

上述问题反映出海藻肥领域的一些主要问题，如不同海藻肥产品在功效上的变化、不可预测的应用效果、不同作物对海藻肥产生的不同反应、使用时间及频率上的不确定性等，这些问题集中反映了海藻肥的复杂成分及其与植物之间互动的复杂性。至少在目前，海藻肥中的植物生长调节剂、营养成分、甜菜碱、寡糖等活性成分如何影响植物、促进生长、活力与健康方面的作用机理尚未完全被阐述清楚，更加精确的成分分析、对植物生长及其生理和基因更好的表达可以更好地解释其作用机理。目前，很多植物的基因组学研究已经完成，为海藻提取物对植物生长影响的研究奠定了基础。

第五节　小结

海藻肥是新型肥料的标志性产品，在现代农业生产中有重要的应用价值。海藻肥以天然海藻为原料，经过特殊的工艺化处理，提取了海藻中的精华物质，极大地保留了海藻的天然活性成分，含有丰富的有机物以及陆生植物无法比拟的 Ca、K、Mg、Zn 等 40 余种矿物质元素和多种维生素，特别含有海藻中特有的海藻多糖、高度不饱和脂肪酸和天然的植物内源激素等生物活性成分，具有很高的生物活性，可刺激植物体内非特异性活性因子的产生，调节植物生长平衡，产生其他类型肥料无法比拟的肥效。

参考文献

[1] Abetz P, Young C L. The effect of seaweed extract sprays derived from *Ascophyllum nodosum* on lettuce and cauliflower crops [J]. Bot. Mar., 1983, 26: 487-492.

[2] Adams-Phillips L, Barry C, Giovannoni J. Signal transduction systems regulating fruit ripening [J]. Trends Plant Sci., 2004, 9: 331-338.

[3] Aldworth S J, van Staden J. The effect of seaweed concentrate on seedling transplants [J]. S. Afr. J. Bot., 1987, 53: 187-189.

[4] Allen V G, Pond K R, Saker K E, et al. Tasco: influence of a brown seaweed on antioxidants in forages and livestock-a review [J]. J. Anim. Sci., 2001, 79 (E Suppl): E21-E31.

[5] Allen V G, Pond K R, Saker K E, et al. Tasco-Forage: III. Influence of a seaweed extract on performance, monocyte immune cell response, and carcass characteristics of feedlot-finished steers [J]. J. Anim. Sci., 2001, 79: 1032-1040.

[6] Arioli T, Mattner S W, Winberg P C. Applications of seaweed extracts in Australian agriculture: past, present and future. [J]. Journal of Applied Phycology, 2015, 27 (5): 2007-2015.

[7] Arora A, Sairam R K, Srivastava G C. Oxidative stress and antioxidative systems in plants[J]. Curr. Sci., 2002, 82: 1227-1238.

[8] Arthur G D, Stirk W A, van Staden J. Effect of a seaweed concentrate on the growth and yield of three varieties of *Capsicum annuum*[J]. S. Afr. J. Bot., 2003, 69: 207-211.

[9] Atzmon N, van Staden J. The effect of seaweed concentrate on the growth of *Pinus pinea* seedlings[J]. New For., 1994, 8: 279-288.

[10] Basak A. Effect of preharvest treatment with seaweed products, Kelpak and Goemar BM 86 on fruit quality in apple[J]. Int. J. Fruit Sci., 2008, 8: 1-14.

[11] Biddington N L, Dearman A S. The involvement of the root apex and cytokinins in the control of lateral root emergence in lettuce seedlings[J]. Plant Growth Regul., 1983, 1: 183-193.

[12] Blunden G, Wildgoose P B. Effects of aqueous seaweed extract and kinetin on potato yields[J]. J. Sci. Food Agr., 1977, 28: 121-125.

[13] Blunden G. Agricultural uses of seaweeds and seaweed extracts. In: Guiry M D, Blunden G (eds) Seaweed Resources in Europe. Uses and Potential[M]. Chichester: Wiley, 1991: 65-81.

[14] Blunden G, Jenkins T, Liu Y. Enhanced leaf chlorophyll levels in plants treated with seaweed extract[J]. J. Appl. Phycol., 1997, 8: 535-543.

[15] Blunden G, Cripps A L, Gordon S M, et al. The characterization and quantitative estimation of betaines in commercial seaweed extracts[J]. Bot. Mar., 1986, 24: 155-160.

[16] Blunden G, Gordon S M, Crabb T A, et al. NMR spectra of betaines from marine algae[J]. Magn. Reson. Chem., 1986, 24: 965-971.

[17] Boller T. Chemoperception of microbial signals in plant cells[J]. Annu. Rev. Plant Physiol. Plant Mol. Biol., 1995, 46: 189-214.

[18] Brown T B, Cheng R, Sirault X R R, et al. Trait capture: genomic and environment modelling of plant phenomic data[J]. Curr. Opin. Plant Biol., 2014, 18: 73-79.

[19] Calvo P, Nelson L, Kloepper J W. Agricultural uses of plant biostimulants[J]. Plant Soil, 2014, 383: 3-41.

[20] Cardozo K H M, Guaratini T, Barros M P. Metabolites from algae with economical impact[J]. Comp Biochem Physiol C Toxicol Pharmacol, 2007, 146: 60-78.

[21] Carlson D R, Dyer D J, Cotterman C D, et al. The physiological basis for cytokinin induced increases in pod set in IX93–100 soybeans[J]. Plant

Physiol, 1987, 84: 233-239.

[22] Cluzet S, Torregrosa C, Jacquet C, et al. Gene expression profiling and protection of *Medicago truncatula* against a fungal infection in response to an elicitor from the green alga Ulva spp.[J]. Plant Cell Environ, 2004, 27: 917-928.

[23] Craigie J S. Seaweed extract stimuli in plant science and agriculture[J]. J. Appl. Phycol., 2011, 23: 371-393.

[24] Crane J C. Growth substances in fruit setting and development[J]. Annu. Rev. Plant Physiol., 1964, 15: 303-326.

[25] Crouch I J, Smith M T, van Staden J, et al. Identification of auxins in a commercial seaweed concentrate[J]. J. Plant Physiol., 1992, 139: 590-594.

[26] Crouch I J, van Staden J. Evidence for the presence of plant growth regulators in commercial seaweed products[J]. Plant Growth Regul., 1993, 13: 21-29.

[27] Crouch I J, van Staden J. Effect of seaweed concentrate from *Ecklonia maxima* (Osbeck) Papenfuss on *Meloidogyne incognita* infestation on tomato[J]. J. Appl. Phycol., 1993, 5: 37-43.

[28] Crouch I J, van Staden J. Effect of seaweed concentrate on the establishment and yield of greenhouse tomato plants[J]. J. Appl. Phycol., 1992, 4: 291-296.

[29] Crouch I J, Beckett R P, van Staden J. Effect of seaweed concentrate on the growth and mineral nutrition of nutrient stressed lettuce[J]. J. Appl. Phycol., 1990, 2: 269-272.

[30] Davey J E, van Staden J. Cytokinin activity in Lupinus albus. III. Distribution in fruits[J]. Physiol. Plant, 1978, 43: 87-93.

[31] De Waele D, McDonald A H, De Waele E. Influence of seaweed concentrate on the reproduction of *Pratylenchus zeae* (Nematoda) on maize[J]. Nematologica, 1988, 34: 71-77.

[32] Dixon G R, Walsh U F. Suppressing Pythium ultimum induced damping-off in cabbage seedlings by biostimulation with proprietary liquid seaweed extracts managing soil-borne pathogens: a sound rhizosphere to improve productivity in intensive horticultural systems[J]. Proceedings of the XXVIth International Horticultural Congress, Toronto, Canada, 2002: 11-17.

[33] Ervin E H, Zhang X, Fike J. Alleviating ultraviolet radiation damage on *Poa pratensis*: II. Hormone and hormone containing substance treatments[J]. Hortic. Sci., 2004, 39: 1471-1474.

[34] Eyras M C, Rostagno C M, Defosse G E. Biological evaluation of seaweed composting[J]. Comp. Sci. Util., 1998, 6: 74-81.

[35] Featonby-Smith B C, van Staden J. The effect of seaweed concentrate on the growth of tomato plants in nematode-infested soil[J]. Sci. Hortic., 1983, 20:

137-146.

[36] Featonby-Smith B C, van Staden J. Effects of seaweed concentrate on grain yield in barley [J] . S. Afr. J. Bot., 1987, 53: 125-128.

[37] Featonby-Smith B C, van Staden J. The effect of seaweed concentrate and fertilizer on the growth of *Beta vulgaris* [J] . Z. Pflanzenphysiol., 1983, 112: 155-162.

[38] Featonby-Smith B C, van Staden J. The effect of seaweed concentrate and fertilizer on growth and the endogenous cytokinin content of *Phaseolus vulgaris* [J] . S. Afr. J. Bot., 1984, 3: 375-379.

[39] Featonby-Smith B C. Cytokinins in *Ecklonia maxima* and the effect of seaweed concentrate on plant growth [J] . Ph.D. thesis, University of Natal, Pietermaritzburg, 1984.

[40] Fike J H, Allen V G, Schmidt R E, et al. Tasco-Forage: I. Influence of a seaweed extract on antioxidant activity in tall fescue and in ruminants [J] . J. Anim. Sci., 2001, 79: 1011-1021.

[41] Finnie J F, van Staden J. Effect of seaweed concentrate and applied hormones on in vitro cultured tomato roots [J] . J. Plant Physiol., 1985, 120: 215-222.

[42] Gandhiyappan K, Perumal P. Growth promoting effect of seaweed liquid fertilizer (Enteromorpha intestinalis) on the sesame crop plant [J] . Seaweed Resource Util., 2001, 23: 23-25.

[43] Gersani M, Kende H. Studies on cytokinin-stimulated translocation in isolated bean leaves [J] . J. Plant Growth Regul., 1982, 1: 161-171.

[44] González A, Castro J, Vera J, et al. Seaweed oligosaccharides stimulate plant growth by enhancing carbon and nitrogen assimilation, basal metabolism, and cell division [J] . J. Plant Growth Regul., 2013, 32: 443-448.

[45] Hahn H, de Zacks R, Kende H. Cytokinin formation in pea seeds [J] . Naturwissenschaften, 1974, 61: 170-171.

[46] Hodges D M. Chilling effects on active oxygen species and their scavenging systems in plants. In: Basra A (ed) Crop Responses and Adaptations to Temperature Stress [M] . Binghamton, NY: Food Products Press, 2001: 53-78.

[47] Hutton M J, van Staden J. Transport and metabolism of labeled zeatin applied to the stems of *Phaseolus vulgaris* at different stages of development [J] . Z. Pflanzenphysiol., 1984, 114: 331-339.

[48] Ishii T, Aikawa J, Kirino S, et al. Effects of alginate oligosaccharide and polyamines on hyphal growth of vesicular-arbuscular mycorrhizal fungi and their infectivity of citrus roots. In: Proceedings of the 9th International Society of Citriculture Congress [M] . Orlando, FL, 2000: 1030-1032.

[49] Jannin L, Arkoun M, Etienne P, et al. Brassica napus growth is promoted

by Ascophyllum nodosum（L.）Le Jol. seaweed extract：microarray analysis and physiological characterization of N，C，and S metabolisms［J］. J. Plant Growth Regul.，2013，32：31-52.
［50］Jeannin I，Lescure J C，Morot-Gaudry J F. The effects of aqueous seaweed sprays on the growth of maize［J］. Bot. Mar.，1991，34：469-473.
［51］Karabudak T，Bor M，Özdemir F，et al. Glycine betaine protects tomato（*Solanum lycopersicum*）plants at low temperature by inducing fatty acid desaturase7 and lipoxygenase gene expression［J］. Mol. Biol. Rep.，2014，41：1401-1410.
［52］Khan W，Rayirath U P，Subramanian S，et al. Seaweed extracts as biostimulants of plant growth and development［J］. J. Plant Growth Regul.，2009，28：386-399.
［53］Khan W，Zhai R，Souleimanov A，et al. Commercial extract of *Ascophyllum nodosum* improves root colonization of alfalfa by its bacterial symbiont *Sinorhizobium meliloti*［J］. Commun. Soil Sci. Plant，2012，43：2425-2436.
［54］Khan W，Hiltz D，Critchley A T，et al. Bioassay to detect *Ascophyllum nodosum* extract-induced cytokinin-like activity in *Arabidopsis thaliana*［J］. J. Appl. Phycol.，2011，23：409-414.
［55］Kloareg B，Quatrano R S. Structure of the cell walls of marine algae and ecophysiological functions of the matrix polysaccharides［J］. Oceanogr. Mar. Biol. Annu. Rev.，1988，26：259-315.
［56］Kurepin L V，Zaman M，Pharis R P. Phytohormonal basis for the plant growth promoting action of naturally occurring biostimulators［J］. J. Sci. Food Agric.，2014，94：1715-1722.
［57］Kuwada K，Wamocho L S，Utamura M，et al. Effect of red and green algal extracts on hyphal growth of arbuscular fungi，and on mycorrhizal development and growth of papaya and passion fruit［J］. Agron. J.，2006，98：1340-1344.
［58］Kuwada K，Ishii T，Matsushita I，et al. Effect of seaweed extracts on hyphal growth of vesicular-arbuscular mycorrhizal fungi and their infectivity on trifoliate orange roots［J］. J. Jpn. Soc. Hortic. Sci.，1999，68：321-326.
［59］Letham D S. Cytokinins as phytohormones：sites of biosynthesis，translocation，and function of translocated cytokinins. In：Mok D W S，Mok M C（eds）Cytokinins：Chemistry，Activity and Functions［M］. Boca Raton，FL：CRC Press，1994：57-80.
［60］Lewis J G，Stanley N F，Guist G G. Commercial production and applications of algal hydrocolloids. In：Lembi C A，Waaland J R（eds）Algae and Human Affairs［M］. Cambridge：Cambridge University Press，1988：205-236.
［61］Mancuso S，Azzarello E，Mugnai S，et al. Marine bioactive substances（IPA extract）improve ion fluxes and water stress tolerance in potted *Vitis vinifera*

plants[J]. Adv. Hortic. Sci., 2006, 20: 156-161.

[62] McKersie B D, Leshem Y Y. Stress and stress coping in cultivated plants[M]. Dordrecht: Kluwer Academic Publishers, 1994.

[63] Metting B, Rayburn W R, Reynaud P A. Algae and agriculture. In: Lembi C A, Waaland J R (eds) Algae and Human Affairs [M]. Cambridge: Cambridge University Press, 1988: 335-370.

[64] Mittler R。 Oxidative stress, antioxidants and stress tolerance [J]. Trends Plant Sci., 2002, 7: 405-410.

[65] Moore K K. Using seaweed compost to grow bedding plants [J]. BioCycle, 2004, 45: 43-44.

[66] Nair P, Kandasamy S, Zhang J, et al. Transcriptional and metabolomic analysis of *Ascophyllum nodosum* mediated freezing tolerance in *Arabidopsis thaliana* [J]. BMC Genomics, 2012, 13: 643-665.

[67] Nelson W R, van Staden J. Effect of seaweed concentrate on the growth of wheat[J]. S. Afr. J. Sci., 1986, 82: 199-200.

[68] Nelson W R, van Staden J. The effect of seaweed concentrate on wheat culms [J]. J. Plant Physiol., 1984, 115: 433-437.

[69] Nooden L D, Leopold A C. Phytohormones and the endogenous regulation of senescence and abscission. In: Letham D S, Goodwin P B, Higgins T J (eds) Phytohormones and Related Compounds: A Comprehensive Treatise [M]. Amsterdam: Elsevier, 1978: 329-369.

[70] Norrie J, Keathley J P. Benefits of *Ascophyllum nodosum* marine-plant extract applications to 'Thompson seedless' grape production[J]. Proceedings of the Xth International Symposium on Plant Bioregulators in Fruit Production. Acta Hortic., 2006, 727: 243-247.

[71] Raghavendra V B, Lokesh S, Prakash H S. Dravya, a product of seaweed extract (*Sargassum wightii*), induces resistance in cotton against *Xanthomonas campestris pv. Malvacearum*[J]. Phytoparasitica, 2007, 35 (5): 442-449.

[72] Rayirath P, Benkel B, Hodges D M, et al. Lipophilic components of the brown seaweed, *Ascophyllum nodosum*, enhance freezing tolerance in *Arabidopsis thaliana*[J]. Planta, 2009, 230: 135-147.

[73] Rayorath P, Jithesh M N, Farid A, et al. Rapid bioassays to evaluate the plant growth promoting activity of *Ascophyllum nodosum* (L.) Le Jol. using a model plant, *Arabidopsis thaliana* (L.) Heynh. [J]. J. Appl. Phycol., 2008, 20: 423-429.

[74] Rioux L E, Turgeon S L, Beaulieu M. Characterization of polysaccharides extracted from brown seaweeds [J]. Carbohydrate Polym., 2007, 69: 530-537.

[75] Schmidt R E, Ervin E H, Zhang X. Questions and answers about biostimulants

[J]. Golf Course Manage, 2003, 71: 91-94.

[76] Shekhar Sharma H S, Fleming C, Selby C, et al. Plant biostimulants: a review on the processing of macroalgae and use of extracts for crop management to reduce abiotic and biotic stresses[J]. J. Appl. Phycol., 2014, 26: 465-490.

[77] Stevens G A, Westwood M N. Fruit set and cytokinin-like activity in the xylem sap of sweet cherry (*Prunus avium*) as affected by rootstock[J]. Physiol. Plant, 1984, 61: 464-468.

[78] Stirk W A, van Staden J. Comparison of cytokinin-and auxin-like activity in some commercially used seaweed extracts[J]. J. Appl. Phycol., 1997, 8: 503-508.

[79] Stirk W A, Tarkowská D, Turečová V, et al. Abscisic acid, gibberellins and brassinosteroids in Kelpak®, a commercial seaweed extract made from *Ecklonia maxima*[J]. J. Appl. Phycol., 2014, 26: 561-567.

[80] Subramanian S, Sangha J S, Gray B A, et al. Extracts of the marine brown macroalga, *Ascophyllum nodosum*, induce jasmonic acid dependent systemic resistance in *Arabidopsis thaliana* against *Pseudomonas syringae pv. tomato DC3000 and Sclerotinia sclerotiorum*[J]. Eur. J. Plant Pathol., 2011, 131: 237-248.

[81] Summerer S, Petrozza A, Cellini F. High throughput plant phenotyping: a new and objective method to detect and analyse the biostimulant properties of different products[J]. Acta Horticult., 2013, 1009: 143-148.

[82] Tay S A B, MacLeod J K, Palni L M S, et al. Detection of cytokinins in a seaweed extract[J]. Phytochemistry, 1985, 24: 2611-2614.

[83] van Loon L C, Rep M, Pieterse C M J. Significance of the inducible defense-related proteins in infected plants[J]. Annu. Rev. Phytopathol., 2006, 44: 7.1-7.28.

[84] van Staden J, Upfold J, Dewes F E. Effect of seaweed concentrate on growth and development of the marigold *Tagetes patula*[J]. J. Appl. Phycol., 1994, 6: 427-428.

[85] Varga A, Bruinsma J. The growth and ripening of tomato fruits at different levels of endogenous cytokinins[J]. J. Hortic. Sci., 1974, 49: 135-142.

[86] Vera J, Castro J, Gonzalez A, et al. Seaweed polysaccharides and derived oligosaccharides stimulate defense responses and protection against pathogens in plants[J]. Mar. Drugs, 2011, 9: 2514-2525.

[87] Vernieri P, Borghesi E, Ferrante A, et al. Application of biostimulants in floating system for improving rocket quality[J]. J. Food Agric. Environ., 2005, 3: 86-88.

[88] Wang Z, Pote J, Huang B. Responses of cytokinins, antioxidant enzymes, and lipid peroxidation in shoots of creeping bentgrass to high root-zone temperatures

[J]. J. Am. Soc. Hortic. Sci., 2003, 128: 648-655.

[89] Wani S H, Singh N B, Haribhushan A, et al. Compatible solute engineering in plants for abiotic stress tolerance-role of glycine betaine [J]. Curr. Genomics, 2013, 14: 157-165.

[90] Whapham C A, Blunden G, Jenkins T, et al. Significance of betaines in the increased chlorophyll content of plants treated with seaweed extract [J]. J. Appl. Phycol., 1993, 5: 231-234.

[91] Wu Y, Jenkins T, Blunden G, et al. Suppression of fecundity of the rootknot nematode, *Meloidogyne javanica* in monoxenic cultures of *Arabidopsis thaliana* treated with an alkaline extract of *Ascophyllum nodosum* [J]. J. Appl. Phycol., 1997, 10: 91-94.

[92] Xu X, Iwamoto Y, Kitamura Y, et al. Root growth-promoting activity of unsaturated oligomeric uronates from alginate on carrot and rice plants [J]. Biosci. Biotechnol. Biochem., 2003, 67: 2022-2025.

[93] Zhang Q, Zhang J, Shen J, et al. A simple 96-well microplate method for estimation of total polyphenol content in seaweeds [J]. J. Appl. Phycol., 2006, 18: 445-450.

[94] Zhang X, Ervin E H. Cytokinin-containing seaweed and humic acid extracts associated with creeping bentgrass leaf cytokinins and drought resistance [J]. Crop Sci., 2004, 44: 1737-1745.

[95] Zhang X, Ervin E H. Impact of seaweed extract-based cytokinins and zeatin riboside on creeping bentgrass heat tolerance [J]. Crop Sci., 2008, 48: 364-370.

[96] Zhang X. Influence of plant growth regulators on turfgrass growth, antioxidant status, and drought tolerance [D]. Ph.D. dissertation, Virginia Polytechnic Institute and State University, Blacksburg, VA, 1997.

[97] 王杰. 海藻提取物在农业生产中的应用研究 [J]. 世界农药，2011，33 (02): 21-26.

[98] 高金诚，陈正霖. 褐藻胶的应用 [M]. 济南：山东农业知识社，1987.

[99] 周晓静，向臻，强学杰，等. 植物凝集素在抗刺吸式害虫中的研究进展 [J]. 农业科技通讯，2017，(08): 39-41.

[100] 赵鲁. 海藻提取物与Mn、Zn配施对生菜营养特性的影响 [D]. 北京：中国农业科学院，2008.

[101] 保万魁，王旭，封朝晖，等. 海藻提取物在农业生产中的应用 [J]. 中国土壤与肥料，2008，(05): 12-18.

[102] 王强. 海藻液肥生物学效应及其应用机理研究 [D]. 杭州：浙江大学，2003.

[103] 王强，石伟勇. 海藻肥对番茄生长的影响及其机理研究 [J]. 浙江农业科学，2003，(02): 19-22.

［104］文廷刚，刘凤淮，杜小凤，等. 根结线虫病发生与防治研究进展［J］.安徽农学通报，2008，（09）：183-184.
［105］陈亮，刘君丽. 农作物细菌性病害发生的新趋势［J］. 农药市场信息，2010，（20）：50-53.
［106］林雄平. 六种海藻提取物抗动植物病原菌活性的研究［D］. 福建师范大学，2005.
［107］邓振山，赵立恒，王红梅. 苹果常见主要真菌性病害的研究进展［J］. 安徽农业科学，2006，（05）：932-935.
［108］涂勇. 新型诱导抗病剂-海藻氨基酸液肥的研究［D］. 四川农业大学，2005.
［109］郭晓峰，徐秉良，韩健，等. 5种化学药剂对苹果树腐烂病室内防效评价［J］. 中国农学通报，2015，31（18）：285-290.
［110］邱德文. 植物病毒病药物防治的研究现状与展望［A］. 中国化工学会农药专业委员会. 中国化工学会农药专业委员会第八届年会论文集［C］. 中国化工学会农药专业委员会：1996：9.
［111］陈芊伊，郭尧，石永春. 海藻酸对烟草花叶病毒的抑制作用研究［J］. 中国农学通报，2016，32（31）：123-127.
［112］郭晓冬，孙锦，韩丽君，等. 海藻提取物防治番茄CMV病毒效果及其机理研究［J］. 沈阳农业大学学报，2006，（03）：313-316.
［113］孙锦，韩丽君，于庆文. 海藻肥对番茄抗旱性的影响［J］. 北方园艺，2005，（03）：64-66.
［114］孙锦，韩丽君，于庆文. 海藻提取物（海藻肥）在蔬菜上的应用效果研究［J］. 土壤肥料，2006，（02）：47-51.
［115］李广敏，关军锋. 作物抗旱生理与节水技术研究［M］. 北京：气象出版社，2001：64-65.
［116］张士功，高吉寅，宋景芝，等. 甜菜碱对小麦幼苗生长过程中盐害的缓解作用［J］. 北京农业科学，1998，（03）：14-18.

第八章

海藻肥在现代农业中的应用

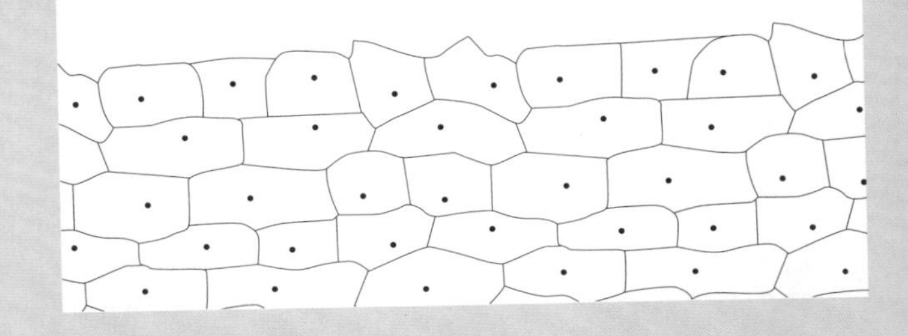

第一节　概述

我国是农业生产大国，也是化肥生产和使用大国。2013 年，化肥生产量为 7073 万吨、农用化肥施用量为 5912 万吨，平均亩施肥量为 21.9kg，远高于世界平均水平的 8kg/ 亩，是美国的 2.6 倍、欧盟的 2.5 倍（1 亩 =666.6m^2）。长期过量施肥不仅导致农业生产成本增加，资源浪费，还对土壤物理结构、化学组成、酸碱度、微生物资源等产生负面影响，土壤衰退现象严重，引发的食品安全、环境安全、生态安全等问题越来越突出（崔德杰，2016；张宗俭，2015）。在这个背景下，人们对肥料提出了更多、更高的要求。多功能、绿色、环保特性的新型肥料应运而生，成为发展高效、绿色、可持续农业的必然产物，对农产品从“注重数量”向“数量和质量并重”的观念转变、改变农民耕作模式和施肥习惯、缓解土壤的承受能力起到重要的促进作用。

海藻肥含有植物生长所需的 N、P、K 等大量元素以及 Ca、Mg、S、Fe、Zn、B、I 等 40 余种中微量元素，还含有生长素、细胞分裂素、赤霉素等植物激素以及海藻酸、海藻多糖、海藻低聚糖、高度不饱和脂肪酸、甘露醇、甜菜碱、维生素、多酚类等活性物质，在生态肥料中有重要的应用价值。应用于农业生产中，海藻肥可作为植物生长诱抗剂、土壤改良剂、天然有机肥等使用，与传统化肥相比显示出明显的优势。表 8-1 比较了海藻肥与普通化肥的各种应用功效。

表8-1　海藻肥与普通化肥的比较

海藻肥	普通化肥
纯天然原料，无污染源	高耗水、高耗能的化工产品
全面的易于植物吸收的植物源营养	单一的营养成分难以达到均衡供给
含有天然植物生长调节剂	无植物源生长调节剂
速溶、全溶	溶解速度慢，不全溶
适用于水肥一体化	不适用于水肥一体化
改善土壤，提升植物生长环境	引起土壤碱化及板结，恶化土壤

第二节　海藻肥的主要用途

海藻肥在大田作物、油料作物、蔬菜、果树等农作物的生长发育过程中均有广泛应用，在种子引发、土壤施肥、叶面施肥、无土生产、促进作物生长发育、控制线虫等农业生产的各个方面都有优良的应用功效。

一、种子引发

种子引发是控制种子缓慢吸收水分，并使种子萌发状态停留在吸胀第二阶段的播前种子处理技术。世界各地的干旱区一般在播种前把种子浸泡18~24h以使禾谷类作物在发芽阶段有个良好的开端，这种种子引发技术可以采用低浓度的海藻生物刺激素实施。研究显示用mg/L浓度级的海藻提取液浸泡种子可以增强幼苗活力，提高叶绿素含量，减少有害的种子微生物，提高植物防御酶的水平，同时使花椒、大麦、牛豌豆、玉米、胡椒、高粱、草、小麦等种子更快发芽（Sivasankari，2006；Demir，2006；Raghavendra，2007；Farooq，2008；Moller，1999；Kumar，2011；Matysiak，2011）。

二、土壤施肥

农业生产中经常使用堆肥、堆肥茶、腐殖质、海藻提取物、生物接种剂等有机物改善土壤（Welke，2005），这些肥料中的营养成分一般不会马上被植物吸收，而是需要在土壤微生物的作用下使其矿物质化后对土壤产生活性。Haslam和Hopkins（Haslam，1996）研究了在土壤中加入切断的掌状海带对土壤孔隙体积和孔隙大小分布、土壤稳定性、土壤微生物的生物量和生物活性的影响。结果显示在每千克土壤中加入8.2~16.4g海藻的3个月后，土壤的总孔隙容积有显著提升，土壤团聚体稳定性、土壤生物质的量、呼吸率也在加入海藻后有很大提升。在西班牙进行的一项试验中发现，土壤中施海藻肥后土豆产量从对照组的每公顷5.5t增加到11.8t（Lopez-Mosquera，1997）。Eyras等（Eyras，2008）在每平米土壤中加入5~10kg海藻堆肥后，番茄产量、作物的抗真菌和抗细菌性能均有提高。

三、叶面施肥

在葡萄藤、西瓜、草莓、苹果、番茄、菠菜、秋葵、洋葱、豆子、辣椒、胡萝卜、土豆、小麦、玉米、大麦、大米、草叶等众多的农作物叶面上施用海藻肥均有良好的效果。大量农业生产实践证明用低浓度的海藻提取液处理作物后可比对照组有更高的产率、更丰富的矿物质成分及生化组分，同时减少真菌病害（Zhang，2008；Jayaraj，2008；Uppal，2008；Zodape，2011；El Modafar，2012；Shah，2013）。大量研究显示在作物上喷施海藻提取的植物生长刺激素可以增加叶子中叶绿素含量、提高产量、改善水果或块茎的萌生（Blunden，1977；Dwelle，1984；Kuisma，1989；Whapham，1993；Blunden，1996；Basak，2008；Abdel-Mawgoud，2010；Spinelli，2010；Khan，2012）。

四、无土生产

无土栽培是近几十年来发展起来的一种作物栽培新技术，在这种生产方法中，作物不是栽培在土壤中，而是种植在溶有营养物质的水溶液里，或在某种栽培基质中，用营养液进行作物栽培。只要有一定的栽培设备和有一定的管理措施，作物就能正常生长并获得高产。由于不使用天然土壤，而用营养液浇灌来栽培作物，故被称为无土栽培，其特点是以人工创造的作物根系生长环境取代土壤环境，不仅满足作物对养分、水分、空气等条件的需要，而且对这些条件要求加以控制调节，以促进作物更好地生长。海藻肥含有植物生长需要的各种微量元素和营养成分，可为无土栽培植物提供其生长所需的营养需要（Shekhar Sharma，2014）。

五、促进作物生长发育

生长环境对农作物有重要影响。在生殖发育的早期，小麦、大麦、大米和高粱花粉发育的小孢子期容易受到非生物压力，热、干旱、寒冷等因素都可以造成产量严重下降，这些非生物逆境生长条件与刺激蛋白质和抗氧化剂的生成、淀粉和脂质浓度的下降、食用价值和适口性的恶化密切相关。Jannin 等的研究显示（Jannin，2013）海藻提取物对谷物和草的发芽以及根和芽的生长都有积极影响，具有明显的促进植物生长的作用。Matysiak 等（Matysiak，2011）的研究结果显示，叶面施用从极大昆布提取的海藻肥可以使玉米的芽重量增加 37%~42%、根重量增加 34%~45%。与此类似，从马尾藻中提取的海藻提取物分别使芽和根重量增加 48%~50% 和 54%~57%。把种子浸泡在这些海藻提取物中可以提高发芽率，对作物产量也有重要影响。海藻提取物对玉米生长的促进作用与植物生长素的作用相似（Jeannin，1991；Nelson，1986）。

Beckett 和 van Staden（Beckett，1989；Beckett，1990）的研究显示了海藻提取物对禾谷类作物生长所起的复杂作用。在研究海藻提取物对缺钾的小麦作物生长的影响时，他们发现施用海藻肥对钾正常的小麦没有影响，而在缺钾的小麦上，麦粒的数量和单个麦粒的质量均有提升。在另一个试验中，对一些中度缺钾的小麦施用海藻肥及用海藻烧的灰后的比较结果显示，海藻肥对作物产量的影响更大，海藻中的植物生长刺激素对小麦高产起主要作用，其中细胞分裂素的活性是海藻肥活性的一个主要来源。

极端温度、干旱和高盐度等非生物胁迫对全球谷物生产造成严重影响，很多学者研究了海藻源植物生长刺激素在减缓非生物胁迫中的作用（Zhang，1997；Schroeder，2001；Semenov，2011）。Burchett 等（Burchett，1998）显示在使用泡叶藻提取物后，大麦的耐寒性和耐霜性都有所改善。

在 20 世纪 60 年代进行的对草坪草等单子叶植物生长的研究中，生长素、细胞分裂素、赤霉素、乙烯、脱落酸等植物生长调节剂被认为在植物生长中起主要作用，而不是传统的植物营养成分（Goatley，1990）。土壤的低湿度、热、干旱等非生物胁迫因素在经过海藻源生物刺激素的处理后得到缓和（Zhang，1999；Zhang，2000；Zhang，2002）。在受干旱影响的本特草上使用海藻提取物可以使草根质量提高 68%、叶片生育酚含量提高 110%、玉米素核苷提高 38%（Zhang，2004）。草皮上的研究也显示海藻肥在降低线虫和真菌病原体中起作用（Fleming，2006）。Zhang 等（Zhang，2003）的研究结果显示本特草用海藻肥和腐植酸处理后，币斑病显著下降，其主要原因可能是对币斑病有防控作用的超氧化物歧化酶有所上升。

六、控制线虫

大量研究结果显示海藻肥对受线虫攻击的作物生长有益。Featonby-Smith 和 van Staden（Featonby-Smith，1983）报道了海藻肥应用于番茄作物后降低了根结感染。Crouch 和 van Staden（Crouch，1993）在研究海藻提取物对番茄根结感染的影响时得到了类似的结果。Wu 等（Wu，1998）的研究结果显示，在土壤中使用生物刺激素可以减少根结线虫对番茄根系的侵犯。针对线虫感染，在土壤中灌溉海藻肥可以提高大麦产量以及番茄成熟度（Crouch，1992），其作用机理可能是抑制线虫孵化、对线虫有毒性、降低线虫的渗透、抑制线虫在根中的扩展等（Martin，2007）。Wu 等（Wu，1998）在研究海藻提取物中的甜菜碱成分对抑制线虫的影响时发现甜菜碱成分被植物吸收后会产生降低线虫侵入的效果。干的海藻提取物应用于土壤改良后，可以使番茄上根结线虫及根腐真菌数量明显下降（Sultana，2009）。

第三节　海藻肥的施用效果

Shekhar Sharma 等（Shekhar Sharma，2014）系统总结了海藻肥在现代农业生产中的应用，引用该作者的研究成果，表 8-2、表 8-3、表 8-4、表 8-5 分别介绍了海藻肥在园艺植物、大田作物、耕地作物以及草坪、森林树木和其他植物上的施用效果。

表8-2　海藻肥在园艺植物上的施用效果（Shekhar Sharma，2014）

产品	海藻类别	目标植物	应用功效	参考文献
Kelpak	*E. maxima*	天竺葵	加强蛋白质、酚类物质、叶绿素在插枝中的富集，明显增加茎的重量	（Krajnc，2012）
Exp	*A. nodosum*	百合花	叶面施肥后改善茎、叶和花球重量	（De Lucia，2012）
Exp	*A. nodosum*	金盏花	播种前对土壤进行处理加强了出芽率以及根的长度和茎的生长；幼苗处理后早开花	（Russo，1994）
Exp	*A. nodosum*	猕猴桃	开花后5d和10d叶面施肥可以增加果品的重量和成熟度	（Chouliaras，1997）
WUAL	*A. nodosum*	葡萄树	叶面施肥5次改善果品产量	（Colapietra，2006）
Exp	*A. nodosum*	葡萄树	对叶面多次施肥增加了坐果率	（Khan，2012）
Exp	Not specified	西瓜	产量和质量明显提高	（Abdel-Mawgoud，2010）
Maxicrop/Seasol	*D. potatorum*	草莓	每周叶面喷施可以控制灰霉腐败病	（Washington，1999）
Acadian	*A. nodosum*	草莓	土壤滴灌应用后缓解了土壤盐渍度高的问题	（Ross，2010）
Actiwave	*A. nodosum*	草莓	叶面施肥改善缺铁情况，显著增加草莓产量	（Spinelli，2010）
Ekologik	*A. nodosum*	蓝莓	叶面施肥增加蓝莓产量15%，增大蓝莓果体	（Loyola，2011）
Goemar	*A. nodosum*	橙子	在萌芽期叶面喷施加强了叶的萌发和花的盛开，增加了赤霉素含量，水果产量提高8%~15%	（Fornes，2002）

续表

产品	海藻类别	目标植物	应用功效	参考文献
Stimplex	*A. nodosum*	柠檬	在缺水情况下叶面施肥或土壤灌溉增加植物生长，提高茎中水含量	（Little，2010）
Actiwave	*A. nodosum*	苹果	以液体肥料应用于土壤，可以增加叶绿素、水果中糖分以及产量	（Spinelli，2009）
Goemar	*A. nodosum*	苹果	叶面喷施海藻肥改善了开花、植物生长、苹果产量和质量	（Basak，2008）
Exp	*A. nodosum*	橄榄	全面开花前叶面施肥，提高产量、改善橄榄油的质量	（Chouliaras，2009）
Kelpak	*E. maxima*	番茄	土壤或叶面施肥增加了根系生长，改善了水果产率，降低了根结线虫感染	（Featonby-Smith，1983）
Kelpak	*E. maxima*	番茄	土壤灌溉改善了果实成熟度，叶面施肥的效果不明显	（Crouch，1992）
Algifert	*A. nodosum*	番茄	土壤灌溉和叶面施肥改善了叶绿素含量	（Blunden，1996）
Algifert	*A. nodosum*	番茄	同上	（Whapham，1993）
Exp	*U. lactuca*	番茄	海藻肥处理幼苗后降低了尖孢镰孢菌发生率	（El Modafar，2012）
Exp	*K. alvarezii*	番茄	开花前后叶面施肥两次增加了产量、改善了果实质量，提高了营养吸收、减少了虫害	（Zodape，2011）
Exp	*K. alvarezii*	番茄	同上	（Neily，2010）
ANE	*A. nodosum*	菠菜	土壤灌溉提高了蔬菜质量	（Fan，2011）
Exp	*K. alvarezii*	羊角豆	开花时进行叶面施肥提高了产率和质量	（Zodape，2008）
Exp	*Unspecified*	洋葱	叶面施肥后提高了产量	（Boyhan，2001）
Exp	*Unspecified*	洋葱	叶面喷施使产量提高32%，控制了叶斑病	（McGeary，1984）
Exp	*Unspecified*	洋葱	同上	（Araujo，2012）
Kelpak	*E. maxima*	生菜	滴灌使产量提高，产品中Ca、K、Mg含量得到提升	（Crouch，1990）
Kelpak	*E. maxima*	生菜	同上	（Beckett，1994）

续表

产品	海藻类别	目标植物	应用功效	参考文献
Super50	*A. nodosum*	生菜	滴灌改善了作物抗盐性，产物重量7.97g，与不受高盐的土壤上得到的8.01g基本相同	（Neily，2010）
Exp	*Cystoseira barbata*	青椒	种子引发改善了在15~25°C下的发芽率	（Demir，2006）
SW	Unspecified	青椒	叶面喷施提高了3个品种的产量	（El-Sayed，1995）
Algal 30	*A. nodosum*	青椒	叶面喷施提高了产量	（Copeland，2009）
SW	*A. nodosum*	胡萝卜	叶面喷施控制了黑腐病和灰霉病	（Jayaraj，2008）
Exp	*C. barbata*	茄子	种子处理后改善了15~25°C下的发芽率	（Demir，2006）

表8-3　海藻肥在大田作物上的施用效果（Shekhar Sharma，2014）

产品	海藻类别	目标植物	应用功效	参考文献
Kelpak	*E. maxima*	花生	叶面施肥提高了产量和蛋白质含量	（Featonby-Smith，1987）
Exp	Not specified	蚕豆	叶面施肥加快了生长	（Temple，1989）
Exp	*Kappaphycus alvarezii*	蚕豆	叶面施肥提高了产量以及蚕豆的营养质量	（Zodape，2010）
Algifert	*A. nodosum*	四季豆	叶面处理提高了叶绿素和甜菜碱含量	（Blunden，1996）
Exp	*S. wightii* & *Caulerpa chemnitzia*	豇豆	种子处理改善了小苗增长，提高了叶绿素、蛋白质、氨基酸、糖含量	（Sivasankari，2006）
Exp	*K. alvarezii*	大豆	叶面施肥提高了产量	（Rathore，2009）
Exp	*S. myriocystum*	黑扁豆	种子处理后增加了叶绿素含量	（Kalaivanan，2012）
Exp	*Stoechospermum marginatum*	蚕豆	用1.5%海藻肥对土壤灌溉提高了茎和根的长度	（Ramya，2011）

表8-4　海藻肥在耕地作物上的施用效果（Shekhar Sharma，2014）

产品	海藻类别	目标植物	应用功效	参考文献
Exp	*A. nodosum*	土豆	叶面施肥显著提高了产量	（Blunden，1977）
Exp	*A. nodosum*	土豆	同上	（Kuisma，1989）
Cytex	Not specified	土豆	叶面施肥提高了产量	（Dwelle，1984）
Exp	Not specified	土豆	处理土壤后产量从对照组的5.5t/hm²增加到11.6 t/hm²	（Lopez-Mosquera，1997）
SWE	*A. nodosum*	土豆	叶面喷施控制了黄萎病	（Uppal，2008）
Primo	Not specified	土豆	种植30d、45d、60d后叶面喷施增加产量、改善质量	（Haider，2012）
Kelpak	*E. maxima*	小麦	根和叶面处理后增加了管径和谷粒产量	（Nelson，1984）
Kelpak	*E. maxima*	小麦	液态施肥使小麦的营养缺乏得到改善	（Beckett，1990）
Exp	*K. alvarezii*	小麦	叶面施肥产量提高80%	（Zodape，2009）
Exp	*S. wightii*	小麦	种子引发加强了出芽率和产量	（Kumar，2011）
Exp	*K. alvarezii*	小麦	叶面施肥提高了产量	（Shah，2013）
Algifert	*A. nodosum*	小麦	土壤浇灌处理提高了叶绿素含量	（Blunden，1996）
Kelpak	*E. maxima*	玉米	种子和叶面处理加快了生长速度	（Matysiak，2011）
Algamino/Goemar	*Sargassum sp*	玉米	叶面施肥增加产量15%~25%	（Jeannin，1991）
Kelpak	*E. maxima*	大麦	土壤灌溉和叶面喷施使谷物产量提高50%	（Featonby-Smith，1987）
Exp	*A. nodosum/L. Hyperborean*	大麦	种子引发改善了出芽速率，使微生物种群降低86%	（Burchett，1998）
Exp	*A. nodosum/L. Hyperborean*	大麦	同上	（Moller，1999）
Maxicrop	*A. nodosum*	大麦	稀释后的海藻提取物提高春大麦产量	（Steveni，1992）
Dravya	Not specified	高粱	引发种子12h强化了种子的活力，提高了叶绿素含量，控制了种子的微生物群落，增加了植物防御酶	（Raghavendra，2007）
Exp	Not specified	大米	在小苗上隔7d叶面喷施使超氧化物歧化酶、谷硫酮还原酶、谷硫酮过氧化物酶活性提高9%~48%	（Sangeetha，2010）

表8-5 海藻肥在草坪、森林树木和其他植物上的施用效果（Shekhar Sharma，2014）

产品	海藻类别	目标植物	应用功效	参考文献
Exp	*A. nodosum*	匍匐剪股颖（即本特草）	以16mg/m的量处理草坪可以明显降低叶面病害	（Zhang，2003）
Exp	*A. nodosum*	匍匐剪股颖	经常进行叶面施肥可以改善草坪的性能，提高其耐热性	（Zhang，2008）
Exp	*A. nodosum*	匍匐剪股颖	同上	（Zhang，2010）
Exp	*A. nodosum*	云杉	用海藻提取物在苗木17周时对土壤浇灌可以加强生根	（MacDonald，2010）
ANE	*A. nodosum*	松树	对根进行浇灌可以加强根的生长，提高耐旱性	（MacDonald，2012）
Exp	*F. evanescens*	烟草	应用岩藻多糖后烟草花叶病毒（TMV）感染降低90%	（Lapshina，2006）
Exp	*Carregenans*	烟草	叶面施肥引发抵抗，抑制烟草花叶病毒和果胶杆菌	（Vera，2012）
SWE	*A. nodosum*	拟南芥	增强抗寒性	（Rayorath，2008）

第四节 海藻肥的施用方法

海藻肥是一种植物生长调节剂，产品包括很多种类。例如，青岛明月蓝海生物科技有限公司有海藻有机肥、海藻有机-无机复混肥、海藻精、海藻生根剂、海藻叶面肥、海藻冲施肥、海藻微生物肥料等7大系列100多个品种。海藻肥的应用效果与作物种类、品种、生长发育状况、环境条件（气候、温湿度、光照、土壤水肥供给等）、使用方法、使用时期等多种因素相关。使用过程中应该根据每个作物上不同的使用目的，明确使用的浓度、时间段、采用何种处理方法，根据具体情况确定用量、用法、浓度等指标（崔德杰，2016）。

一、海藻叶面肥的施用方法

1. 选择适宜的叶面肥

在叶面肥的应用中，首先应该根据作物的生长发育及营养状况选择适宜种类的叶面肥。例如在作物生长初期，为促进其生长发育应选择调节型叶面肥；若作物营养缺乏或在生长后期根系吸收能力衰退，应选择营养型叶面肥。

2. 喷施浓度要合适

在一定浓度范围内，养分进入叶片的速度和数量随溶液浓度的增加而增加，但是如果浓度过高则易发生肥害，尤其是微量元素型叶面肥，作物从缺乏到过量之间的临界范围很窄。含有生长调节剂的叶面肥，更应严格按浓度要求进行喷施，以防调控不当造成危害，影响产量。此外，不同作物对不同肥料具有不同的浓度要求，实际应用中需要结合作物及其不同生长阶段的情况进行具体分析后选择适宜的喷施浓度。

3. 喷施时间要适宜

叶面施肥时叶片吸收养分的数量与溶液湿润叶片的时间长短有关。湿润时间越长，叶片吸收养分越多，效果越好。一般情况下，保持叶片湿润时间在 30~60min 为宜，因此叶面施肥最好在傍晚无风的天气条件下进行。在有露水的早晨喷施叶面肥，会降低溶液的浓度，影响施肥效果。雨天或雨前不能进行叶面施肥，因为养分易被雨水淋失，起不到应有的作用，若喷后 3h 遇雨，待天晴时需要补喷一次，但浓度要适当降低。

4. 喷施要均匀、细致、周到

叶面施肥要求雾滴细小、喷施均匀，尤其要注意喷洒在作物生长旺盛的上部叶片和叶的背面，因为新叶和叶片背面吸收养分的速度快、吸收能力强。

5. 喷施次数不应过少且应有间隔

作物叶面施肥的浓度一般都较低，每次的吸收量也很少，与作物的需求量相比要低得多。因此，叶面施肥的次数一般不应少于两次。对于在作物体内移动性小或不移动的养分（Fe、B、Ca、Zn 等），更应注意适当增加喷施次数。在喷施含植物生长调节剂的叶面肥时，要有间隔，间隔期至少 7d，但喷施次数不宜过多，防止因调控不当造成危害，影响产量。

6. 混用要得当

叶面施肥时将两种或两种以上的叶面肥混合或将叶面肥与杀虫、杀菌剂混合喷施，可节省喷施时间和用工成本，其增产和抗病效果也会更加显著。但叶面肥混合后必须无不良反应或不降低肥效，否则达不到混用目的。另外，海藻叶面肥混用时要注意溶液的浓度和酸碱度，一般情况下溶液 pH 在 7 左右有利于叶片吸收。

二、海藻冲施肥的施用方法

（1）选择正确的肥料品种　需要根据土壤情况和不同作物在不同阶段的需肥特点选择冲施肥，如在缺氮土壤上种植需氮较多的绿叶类蔬菜时，可选用高氮型冲施肥；若缺多种元素时，可选择复合型冲施肥。

（2）使用方法要得当　施用冲施肥前，应先把固体的肥料用水溶解，制成母液，然后再兑水冲施。对于一些浅耕性蔬菜等作物，或土壤施肥不便时，可将配制好的肥料随水冲施，冲施过程中要控制好水量，确保养分在地里分布均匀。

（3）肥料用量和使用浓度要合理　用量过大、浓度过高，易产生氨气、硫化氢等有毒有害气体，引起作物中毒，而且不能以大水带肥，以免水分过多，造成土壤通气不良而引起植物烂根和沤根。如果在使用冲施肥时将固体冲施肥撒入田内后浇水冲施，会造成肥料分布不匀，使浓度过高的地方作物受肥害，出现烧苗现象，而浓度过低的地方不能满足作物的生长需要。

（4）保存方法　含微生物制剂类型的复合型冲施肥，宜保存在阴凉处，避免阳光暴晒和过度潮热，不可与杀菌剂混用。如果结块，可继续使用，不影响肥效。

三、海藻微生物肥料的施用方法

1. 育苗

采用盘式或床式育秧时，可将海藻微生物肥料拌入育秧土中堆置3d，再装入育苗盘。营养钵育苗时，先将海藻微生物肥料均匀拌入育苗土中，再装入营养钵育苗。因育苗多在温室或塑料棚中进行，温湿度条件比较好，微生物繁殖生长较易，肥料用量可比田间基肥小一些。

2. 基肥（底肥）

海藻微生物肥料用量少，单施不易施匀，覆土之前易受阳光照射影响效果，有风天又会出现被风吹跑的问题。因此，用做基肥时，在施用有机肥条件下，应将海藻微生物肥料与有机肥按1：500~1.5：500的比例混匀，用水喷湿后遮盖，堆腐3~5d，中间翻堆一次后施用。施用时要均匀施于垄沟内，然后起垄；如不施用有机肥，以1kg海藻微生物肥料拌30~50kg稍湿润的细土，再均匀施于垄沟内，然后即起垄覆土。在水田或旱田中也可均匀撒施于地表，然后立即耙入土中，不能长时间在阳光下暴晒。

3. 种肥

在施用有机肥或化肥做基肥的基础上，用海藻微生物肥料做种肥，或掩播作物做种肥使用，刨埯后将拌有细土的海藻微生物肥料施于埯中，再点种；机播时可将拌有细土或有机肥的海藻微生物肥料放入施肥箱中，使开沟、施肥、播种、覆土、镇压等作业一次性完成。施用海藻微生物肥料做种肥，要注意与化肥分开用。

4. 拌种

先将种子表面用水喷湿，然后将种子放入海藻微生物肥料中搅拌，使种子表面均匀粘满肥料后，在阴凉通风处稍阴干即可播种。拌种后不要将种子放置在阳光下暴晒，也不要放置时间过长。拌种用肥量与种子大小有关，烟草等小粒种子，每千克种子用肥 50~100g 即可，大粒种子需要量要多一些。拌有海藻微生物肥料的种子播种后要立即覆土，防止阳光中紫外线杀伤肥料中微生物。

5. 蘸根

对于液体海藻微生物肥料，用水将其稀释到合适浓度，然后将幼苗根系在肥料中蘸一蘸即可进行栽植。对于固体海藻微生物肥料，先将生物菌肥加一些细土,再兑适量水搅拌成糊状泥浆。移栽时,将作物苗木的根部在泥浆中蘸一蘸，根部粘满海藻微生物肥料泥浆后，再移栽。移栽完之后，将剩余泥浆加水稀释后浇灌在根部，相当于移栽后的浇水。水渗下后覆土。

6. 冲施与喷施

将液体海藻微生物肥料与海藻冲施肥稀释到合适浓度时，共同进行冲施。这种方法在补充作物营养的同时,起到防治土传性病害,提高肥料利用率的作用。将液体海藻微生物肥料与海藻叶面肥、杀虫剂等共同喷施于叶面，一次施肥可起到多重效果。需要注意的是，海藻微生物肥料不能与杀菌剂共用。

第五节　小结

随着我国经济的高速发展、人民生活水平的不断提高，食品质量与食品安全日趋成为人们关注的焦点。海藻肥具有绿色、高效、安全、环保等特点，符合国际有机食品的要求，使用海藻肥对提升我国农产品的国际竞争力具有重要意义。海藻肥具有“多种功效合一”的特点，增肥效果显著。作为一种天然生物制剂，海藻肥可与“植物 - 土壤”生态系统和谐作用，还原土壤的最佳状态，促进植物自然、健康生长。当前海藻肥的快速发展推动了我国肥料产业的又一次新技术革命，将打造农业经济中一个新的增长点。

参考文献

[1] Abdel-Mawgoud A M R, Tantaway A S, Hafez M M, et al. Seaweed extract improves growth, yield and quality of different watermelon hybrids [J] . Res. J. Agri. Biol. Sci., 2010, 6: 161-168.

[2] Araujo I B, Peruch L A M, Stadnik M J. Efeito do extrato de alga e da argila silicatada na severidade da alternariose e na produtividade da cebolinha comum (Allium fistulosum L.)[J] . Trop Plant Pathol, 2012, 37: 363-367.

[3] Basak A. Effect of preharvest treatment with seaweed products, Kelpak and Goemar BM 86 on fruit quality in apple [J]. Int. J. Fruit Sci., 2008, 8: 1-14.

[4] Beckett R P, Mathegka A D M, van Staden J. Effect of seaweed concentrate on yield of nutrient-stressed tepary bean (Phaseolus acutifolius Gray)[J]. J. Appl. Phycol., 1994, 6: 429-430.

[5] Beckett R P, van Staden J. The effect of seaweed concentrate on the growth and yield of potassium stressed wheat [J] . Plant Soil, 1989, 116: 29-36.

[6] Beckett R P, van Staden J. The effect of seaweed concentrate on the yield of nutrient stressed wheat [J] . Bot. Mar., 1990, 33: 147-152.

[7] Blunden G, Jenkins T, Liu Y-W. Enhanced leaf chlorophyll levels in plants treated with seaweed extract [J] . J. Appl. Phycol., 1996, 8: 535-543.

[8] Blunden G, Wildgoose P B. Effects of aqueous seaweed extract and kinetin on potato yields [J] . J. Sci. Food Agr., 1977, 28: 121-125.

[9] Blunden G, Jenkins T, Liu Y-W. Enhanced leaf chlorophyll levels in plants treated with seaweed extract [J] . J. Appl. Phycol., 1996, 8: 535-543.

[10] Blunden G, Jenkins T, Liu Y-W. Enhanced leaf chlorophyll levels in plants treated with seaweed extract [J] . J. Appl. Phycol., 1996, 8: 535-543.

[11] Boyhan G E, Randle W M, Purvis A C, et al. Evaluation of growth stimulants on short-day onions [J] . Hort Technology, 2001, 11: 38-42.

[12] Burchett S, Fuller M P, Jellings A J. Application of seaweed extract improves winter hardiness of winter barley cv Igri. The Society for Experimental Biology, Annual Meeting, York University, 1998.

[13] Chouliaras V, Gerascapoulos D, Lionakis S. Effect of seaweed extract on fruit growth, weight, and maturation of ‘Hayward’ kiwifruit [J] . Acta Hort, 1997, 444: 485-489.

[14] Chouliaras V, Tasioula M, Chatzissavvidis C, et al. The effects of a seaweed extract in addition to nitrogen and boron fertilization on productivity, fruit maturation, leaf nutritional status and oil quality of the olive (Olea europaea L.) cultivar Koroneiki [J] . J. Sci. Food Agr., 2009, 89: 984-988.

[15] Chung W C, Huang J W, Huang H C. Formulation of a soil biofungicide for control of damping off of Chinese cabbage (Brassica chinensis) caused by

Rhizoctonia solani[J]. Biol. Control, 2005, 32: 287-294.

[16] Colapietra M, Alexander A. Effect of foliar fertilization on yield and quality of table grapes[J]. Acta Hort, 2006, 721: 213-218.

[17] Crouch I J, van Staden J. Effect of seaweed concentrate on the establishment and yield of greenhouse tomato plants[J]. J. Appl. Phycol., 1992, 4: 291-296.

[18] Crouch I J, Beckett R P, van Staden J. Effect of seaweed concentrate on growth and mineral nutrition of nutrient stressed lettuce[J]. J. Appl. Phycol., 1990, 2: 269-272.

[19] Crouch I J, van Staden J. Effect of seaweed concentrate from *Ecklonia maxima* (Osbeck) Papenfuss on Meloidogyne incognita infestation on tomato[J]. J. Appl. Phycol., 1993, 5: 37-43.

[20] De Lucia B, Vecchietti L. Type of biostimulant and application method effects on stem quality and root system growth in LA Lily[J]. Euro. J. Hort Sci., 2012, 77: 10-15.

[21] Demir N, Dural B, Yldrm K. Effect of seaweed suspensions on seed germination of tomato, pepper and aubergine[J]. J. Biol. Sci., 2006, 6: 1130-1133.

[22] Dwelle R B, Hurley P J. The effects of foliar application of cytokinins on potato yields in southeastern Idaho[J]. Am. Potato J., 1984, 61: 293-299.

[23] El Modafar C, Elgadda M, El Boutachfaiti R, et al. Induction of natural defence accompanied by salicylic acid-dependant systemic acquired resistance in tomato seedlings in response to bioelicitors isolated from green algae[J]. Sci. Hortic Amsterdam, 2012, 138: 55-63.

[24] El-Sayed S F. Response of three sweet pepper cultivars to biozyme under unheated plastic house conditions[J]. Sci. Hortic Amsterdam, 1995, 61: 285-290.

[25] Eyras M C, Defossé D E, Dellatorre F. Seaweed compost as an amendment for horticultural soils in Patagonia, Argentina[J]. Compost Sci. Util., 2008, 16: 119-124.

[26] Fan D, Hodges D M, Zhang J, et al. Commercial extract of the brown seaweed Ascophyllum nodosum enhances phenolic antioxidant content of spinach (*Spinacia oleracea* L.) which protects Caenorhabditis elegans against oxidative and thermal stress[J]. Food Chem., 2011, 124: 195-202.

[27] Farooq M, Aziz T, Basra S M A, et al. Chilling tolerance in hybrid maize induced by seed treatments with salicylic acid[J]. J. Agron Crop Sci., 2008, 194: 161-168.

[28] Featonby-Smith B C, van Staden J. The effect of seaweed concentrate and fertilizer on the growth of *Beta vulgaris*[J]. Z Pflanzenphysiol, 1983, 112:

155-162.

[29] Featonby-Smith B C, van Staden J. Effect of seaweed concentrate on yield and seed quality of Arachis hypogaea[J]. S. Afr. J. Bot., 1987, 53: 190-193.

[30] Featonby-Smith B C, van Staden J. The effect of seaweed concentrate on the growth of tomato plants in nematode-infested soil[J]. Sci. Hortic, 1983, 20: 137-146.

[31] Featonby-Smith B C, van Staden J. Effect of seaweed concentrate on grain yield of barley[J]. S. Afr. J. Bot., 1987, 53: 125-128.

[32] Fleming C C, Turner S J, Hunt M. Management of root knot nematodes in turfgrass using mustard formulations and biostimulants[J]. Com. Agri. Appl. Biol. Sci., 2006, 71: 653-658.

[33] Fornes F, Sánchez-Perales M, Guardiola J L. Effect of a seaweed extract on the productivity of 'de Nules' clementine mandarin and Navelina orange[J]. Bot. Mar., 2002, 45: 486-489.

[34] Goatley J M, Schmidt R E. Anti-senescence activity of chemicals applied to Kentucky bluegrass[J]. J. Am. Soc. Hortic Sci., 1990, 115: 654-656.

[35] Goatley J M, Schmidt R E. Seedling Kentucky bluegrass growth responses to chelated iron and biostimulator materials[J]. Agron J., 1990, 82: 901-905.

[36] Haider M W, Ayyub C M, Pervez M A, et al. Impact of foliar application of seaweed extract on growth, yield and quality of potato (*Solanum tuberosum* L.) [J]. Soil Environ., 2012, 31: 157-162.

[37] Haslam S F I, Hopkins D W. Physical and biological effects of kelp (seaweed) added to soil[J]. Appl. Soil Ecol., 1996, 3: 257-261.

[38] Jannin L, Arkoun M, Etienne P, et al. Brassica napus growth is promoted by *Ascophyllum nodosum* (L.) seaweed extract: microarray analysis and physiological characterisation of N, C and S metabolisms[J]. J. Plant Growth Regul., 2013, 32: 31-52.

[39] Jayaraj J, Wan A, Rahman M, et al. Seaweed extract reduces foliar fungal diseases on carrot[J]. Crop Prot., 2008, 27: 1360-1366.

[40] Jeannin I, Lescure J C, Morot-Gaudry J F. The effects of aqueous seaweed sprays on the growth of maize[J]. Bot. Mar., 1991, 34: 469-474.

[41] Kalaivanan C, Venkatesalu V. Utilization of seaweed Sargassum myriocystum extracts as a stimulant of seedlings of *Vigna mungo* (L.) Hepper[J]. Span J. Agric. Res., 2012, 10: 466-470.

[42] Khan A S, Ahmad B, Jaskani M J, et al. Foliar application of mixture of amino acids and seaweed (*Ascophylum nodosum*) extract improve growth and physicochemical properties of grapes[J]. Int. J. Agric. Biol., 2012, 14: 383-388.

[43] Krajnc A U, Ivanus A, Kristl J, et al. Seaweed extract elicits the metabolic

responses in leaves and enhances growth of Pelargonium cuttings[J]. Euro. J. Hort Sci., 2012, 77: 170-181.

[44] Kuisma P. The effect of foliar application of seaweed extract on potato[J]. J. Agr. Sci. Finland, 1989, 61: 371-377.

[45] Kumar G, Sahoo D. Effect of seaweed liquid extract on growth and yield of *Triticum aestivum var.* Pusa Gold[J]. J. Appl. Phycol., 2011, 23: 251-255.

[46] Lapshina L A, Reunov A V, Nagorskaya V P, et al. Inhibitory effect of fucoidan from brown alga *Fucus evanescens* on the spread of infection induced by tobacco mosaic virus in tobacco leaves of two cultivars[J]. Russ. J. Plant Physiol., 2006, 53: 246-251.

[47] Little H, Spann T M. Commercial extracts of *Ascophyllum nodosum* increase growth and improve water status of potted citrus rootstocks under deficit irrigation[J]. Hortscience, 2010, 45: S63.

[48] Lopez-Mosquera M E, Pazos P. Effects of seaweed on potato yields and soil chemistry[J]. Biol. Agric. Hortic, 1997, 14: 199-205.

[49] Loyola N, Munoz C. Effect of the biostimulant foliar addition of marine algae on cv O' Neal blueberries production[J]. J. Agr. Sci. Tech. B., 2011, 1: 1059-1074.

[50] MacDonald J E, Hacking J, Norrie J. Extracts of *Ascophyllum nodosum* enhance spring root egress after freezer storage in *Picea glauca* seedlings. Proceedings of the 37th Annual Meeting of the Plant Growth Regulation Society of America, Portland, 2010.

[51] MacDonald J E, Hacking J, Weng Y H, et al. Root growth of containerized lodgepole pine seedlings in response to *Ascophyllum nodosum* extract application during nursery culture[J]. Can. J. Plant Sci., 2012, 92: 1207-1212.

[52] McGeary D J, Birkenhead W E. Effect of seaweed extract on growth and yield of onions[J]. J. Aust. Inst. Agr. Sci., 1984, 50: 49-50.

[53] Martin T J G, Turner S J, Fleming C C. Management of the potato cyst nematode (*Globodera pallida*) with bio-fumigants/stimulants[J]. Comm. Agri. Appl. Biol. Sci., 2007, 72: 671-675.

[54] Matysiak K, Kaczmarek S, Krawczyk R. Influence of seaweed extracts and mixture of humic acid fulvic acids on germination and growth of *Zea mays* L. [J]. Acta Sci. Pol. Agri., 2011, 10: 33-45.

[55] Moller M, Smith M L. The effects of priming treatments using seaweed suspensions on the water sensitivity of barley (*Hordeum vulgare* L.) caryopses [J]. Ann. Appl. Biol., 1999, 135: 515-521.

[56] Munshaw G C, Ervin E H, Shang C, et al. Influence of late-season iron, nitrogen, and seaweed extract on fall color retention and cold tolerance of four

bermudagrass cultivars[J]. Crop Sci., 2006, 46: 273-283.

[57] Neily W, Shishkov W, Nickerson S, et al. Commercial extract from the brown seaweed *Ascophyllum nodosum* (Acadian®) improves early establishment and helps resist water stress in vegetable and flower seedlings [J]. Hortscience, 2010, 45: S105-S106.

[58] Nelson W R, van Staden J. The effect of seaweed concentrate on wheat culms [J]. J. Plant Physiol., 1984, 115: 433-437.

[59] Nelson W R, van Staden J. Effect of seaweed concentrate on the growth of wheat[J]. S. Afr. J. Sci., 1986, 82: 199-200.

[60] Nelson W R, van Staden J. The effects of seaweed concentrate on the growth of nutrient-stressed greenhouse cucumbers[J]. Hortscience, 1984, 19: 81-82.

[61] Raghavendra V B, Lokesh S, Govindappa M, et al. Dravya—as an organic agent for the management of seed-borne fungi of sorghum and its role in the induction of defense enzymes[J]. Pestic Biochem. Phys., 2007, 89: 190-197.

[62] Ramya S S, Nagaraj S, Vijayanand N. Influence of seaweed liquid extracts on growth, biochemical and yield characteristics of *Cyamopsis tetragonolaba* (L.) Taub[J]. J. Phytol., 2011, 3: 37-41.

[63] Rathore S S, Chaudhary D R, Boricha G N, et al. Effect of seaweed extract on the growth, yield and nutrient uptake of soybean (Glycine max) under rainfed conditions[J]. S. Afr. J. Bot., 2009, 75: 351-355.

[64] Rayorath P, Jithes M N, Farid A, et al. Rapid bioassays to evaluate the plant growth promoting activity of *Ascophyllum nodosum* (L.) Le Jol. using a model plant, *Arabidopsis thaliana* (L.) Heynh[J]. J. Appl. Phycol., 2008, 20: 423-429.

[65] Rayorath P, Benkel B, Hodges D M, et al. Lipophilic components of the brown seaweed, *Ascophyllum nodosum*, enhance freezing tolerance in *Arabidopsis thaliana*[J]. Planta, 2009, 230: 135-147.

[66] Ross R, Holden D. Commercial extracts of the brown seaweed *Ascophyllum nodosum* enhance growth and yield of strawberries [J]. Hortscience, 2010, 45: S141.

[67] Russo R, Poincelot R P, Berlyn G P. The use of a commercial organic biostimulant for improved production of marigold cultivars[J]. J. Home Con. Hort, 1994, 1: 83-93.

[68] Sangeetha V, Thevanathan R. Effect of foliar application of seaweed based panchagavya on the antioxidant enzymes in crop plants[J]. J. Am. Sci., 2010, 6: 185-188.

[69] Schroeder J I, Kwak J M, Allen G J. Guard cell abscisic acid signaling and engineering drought hardiness in plants[J]. Nature, 2001, 410: 327-330.

[70] Semenov M A, Shewry P R. Modelling predicts that heat stress, not drought,

will increase vulnerability of wheat in Europe[J] . Sci. Rep. UK, 2011, 1: 66-70.

[71] Shah M T, Zodape S T, Chaudhary D R, et al. Seaweed sap as an alternative to liquid fertilizer for yield and quality improvement of wheat[J] . J. Plant Nutr., 2013, 36: 192-200.

[72] Shekhar Sharma H S, Fleming C, Selby, C, et al. Plant biostimulants: a review on the processing of macroalgae and use of extracts for crop management to reduce abiotic and biotic stresses[J] . J. Appl. Phycol., 2014, 26: 465-490.

[73] Sivasankari S, Venkatesalu V, Anantharaj M, et al. Effect of seaweed extracts on the growth and biochemical constituents of *Vigna sinensis*[J] . Bioresour. Technol., 2006, 97: 1745-1751.

[74] Spinelli F, Fiori G, Noferini M, et al. Perspectives on the use of a seaweed extract to moderate the negative effects of alternate bearing in apple trees[J] . J. Hort Sc. Biotech., 2009, 84: 131-137.

[75] Spinelli F, Fiori G, Noferini M, et al. A novel type of seaweed extract as a natural alternative to the use of iron chelates in strawberry production[J] . Sci. Hortic, 2010, 125: 263-269.

[76] Steveni C M, Norrington-Davies J, Hankins S D. Effect of seaweed concentrate on hydroponically grown spring barley[J] . J. Appl. Phycol., 1992, 4: 173-180.

[77] Sultana V, Ehteshamul-Haque S, Ara J, et al. Effect of brown seaweeds and pesticides on root rotting fungi and root knot nematode infecting tomato roots [J] . J. Appl. Bot. Food Qual., 2009, 83: 50-53.

[78] Temple W D, Bomke A A, Radley R A, et al. Effects of kelp (*Macrocystis integrifolia* and *Ecklonia maxima*) —foliar applications on bean crop growth and nitrogen nutrition under varying soil moisture regimes[J] . Plant Soil, 1989, 117: 75-83.

[79] Uppal A K, El Hadrami A, Adam L R, et al. Biological control of potato *Verticillium wilt* under controlled and field conditions using selected bacterial antagonists and plant extracts[J] . Biol. Control, 2008, 44: 90-100.

[80] Vera J, Castro J, Contreras R A, et al. Oligocarrageenans induce a long-term and broad-range protection against pathogens in tobacco plants (var. Xanthi) [J] . Physiol. Mol. Plant Path., 2012, 79: 31-39.

[81] Washington W S, Engleitner S, Boontjes G, et al. Effect of fungicides, seaweed extracts, tea tree oil, and fungal agents on fruit rot and yield in strawberry[J] . Aust. J. Exp. Agr., 1999, 39: 487-494.

[82] Welke S E. The effect of compost extract on the yield of strawberries and severity of *Botrytis cinerea*[J] . J. Sustain Agr., 2005, 25: 57-68.

[83] Whapham C A, Blunden G, Jenkins T, et al. Significance of betaines in the

increased chlorophyll content of plants treated with seaweed extract [J] . J. Appl. Phycol., 1993, 5: 231-234.

[84] Wu Y, Jenkins T, Blunden G, et al. Suppression of fecundity of the root-knot nematode, *Meloidogyne javanica*, in monoxenic cultures of *Arabidopsis thaliana* treated with an alkaline extract of *Ascophyllum nodosum* [J] . J. Appl. Phycol., 1998, 10: 91-94.

[85] Zhang X Z, Ervin E H, Schmidt R E. Physiological effects of liquid applications of a seaweed extract and a humic acid on creeping bent grass [J] . J. Am. Soc. Hortic Sci., 2003, 128: 492-496.

[86] Zhang X Z, Schmidt R E. Hormone-containing products' impact on antioxidant status of tall fescue and creeping bentgrass subjected to drought [J] . Crop Sci., 2000, 40: 1344-1349.

[87] Zhang X Z, Ervin E H. Impact of seaweed extract-based cytokinins and zeatin riboside on creeping bentgrass heat tolerance [J] . Crop Sci., 2008, 48: 364-370.

[88] Zhang X Z, Wang K H, Ervin E H. Optimizing dosages of seaweed extract based cytokinins and zeatin riboside for improving creeping bentgrass heat tolerance [J] . Crop Sci., 2010, 50: 316-320.

[89] Zhang X Z, Ervin E H. Impact of seaweed extract-based cytokinins and zeatin riboside on creeping bentgrass heat tolerance [J] . Crop Sci., 2008, 48: 364-370.

[90] Zhang X. Influence of plant growth regulators on turfgrass growth, antioxidant status, and drought tolerance [D] . PhD thesis, Virginia Polytechnic Institute and State University, Blacksburg, Virginia, 1997.

[91] Zhang X Z, Schmidt R E. Antioxidant response to hormonecontaining product in Kentucky bluegrass subjected to drought [J] . Crop Sci., 1999, 39: 545-551.

[92] Zhang X Z, Schmidt R E. Application of trinexapac-ethyl and propiconazole enhances superoxide dismutase and photochemical activity in creeping bentgrass (*Agrostis stoloniferous* var. palustris) [J] . J. Am. Soc. Hortic Sci., 2000, 125: 47-51.

[93] Zhang X Z, Schmidt R E, Ervin E H, et al. Creeping bentgrass physiological responses to natural plant growth regulators and iron under two regimes [J] . Hortscience, 2002, 37: 898-902.

[94] Zhang X Z, Ervin E H. Cytokinin-containing seaweed and humic acid extracts associated with creeping bentgrass leaf cytokinins and drought resistance [J] . Crop Sci., 2004, 44: 1737-1745.

[95] Zodape S T, Gupta A, Bhandari S C, et al. Foliar application of seaweed sap as biostimulant for enhancement of yield and yield quality of tomato (*Lycopersicon*

esculentum Mill.)[J]. J. Sci. Ind. Res. India, 2011, 70: 215-219.

[96] Zodape S T, Kawarkhe V J, Patolia J S, et al. Effect of liquid seaweed fertilizer on yield and quality of okra (*Abelmoschus esculentus* L.)[J]. J. Sci. Ind. Res. India, 2008, 67: 1115-1117.

[97] Zodape S T, Mukhopadhyay S, Eswaran K, et al. Enhanced yield and nutritional quality in green gram (*Phaseolus radiata* L.) treated with seaweed (*Kappaphycus alvarezii*) extract[J]. J. Sci. Ind. Res. India, 2010, 69: 468-471.

[98] Zodape S T, Mukherjee S, Reddy M P, et al. Effect of *Kappaphycus alvarezii* (Doty) Doty ex silva. extract on grain quality, yield and some yield components of wheat (*Triticum aestivum* L.)[J]. Int. J. Plant Prod., 2009, 3: 97-101.

[99] 崔德杰，杜志勇. 新型肥料及其应用技术[M]. 北京：化学工业出版社，2016.

[100] 张宗俭，邵振润，束放. 植物生长调节剂科学使用指南[M]. 北京：化学工业出版社，2015.

附录一

海藻肥相关的专业词汇中英文对照

abiotic stress	非生物逆境
abscisic acid（ABA）	脱落酸
acidify	酸化
aggregate	结聚
agrochemicals	农药
agronomic	农艺学的
algal polysaccharides	海藻多糖
algin	褐藻胶
alginate	海藻酸盐
alginic acid	海藻酸
amino acid	氨基酸
ammonium	氨
ammonium salt	铵盐
antagonistic activity	拮抗活性
antioxidant enzyme	抗氧化剂酶
aqueous solution	水溶液
Ascophylum nodosum	泡叶藻
ascorbate peroxidase（APX）	抗坏血酸过氧化物酶
auxin	植物生长素
Bacillariophyceae	硅藻
betaine	甜菜碱
bioactive molecules	生物活性分子
bioassay	生物鉴定；生物测定
biodegradable	生物可降解的
biofertilizer	生物肥料
bioinformatics	生物信息学
biomass	生物质
biopolymer	生物高分子
biostimulant	生物刺激素
blue green algae	蓝绿藻
boron	硼
brassinosteroid	油菜素甾醇
brown algae	褐藻

calcium alginate	海藻酸钙
carbohydrate	碳水化合物
carboxylic acid group	羧酸基团
cell immobilization	细胞固定化
cell viability	细胞活性
Charophyceae	轮藻
chelation	螯合作用
chemical modification	化学改性
Chlorophyceae	绿藻
chlorophyll	叶绿素
Chorda filum	绳藻
chrysolaminarin	金藻昆布多糖
Chrysophyceae	金藻
coated or encapsulated fertilizer	包膜肥料
Colpomenia sinuosa	囊藻
complex fertilizer	复合肥料
controlled release fertilizer，CRF	控释肥料
controlled release of drug	药物的可控释放
controlled release tablet	控释片
converted	被转换
crumb structure	团粒结构
Cryptophyceae	隐藻
Cystoseria abrotanifolia	囊叶藻
Cystoseria barbata	须状囊叶藻
Cystoseria mediterranea	地中海囊叶藻
cytokinins	细胞分裂素
derivative	衍生物
dewatering	脱水
Dictyopteris polypodioides	蕨状网翼藻
Dictyota dichotoma	网地藻
Dictyota linearis	线型网地藻
Dinophyceae	甲藻
disease-resistant	抗病的

divalent metal salt	二价金属盐
dollar spot disease	币斑病
dried and milled	干燥及粉碎
Ectocarpus siliculosus	长囊水云
egg-box model	鸡蛋盒模型
enzyme-assisted extraction	酶提法
enzyme	酶
exogenous application	外源施加
extraction	提取
extraction process	提取过程
fertigation	灌溉施肥
fertilizer	肥料
foliar tocopherol	叶片生育酚
formulation	配方
free-radical scavenging	自由基清除
frost tolerance	耐霜性
Fucus serratus	齿缘墨角藻
Fucus spiralis	宽托墨角藻
Fucus vesiculosus	墨角藻
fungicide	杀菌剂
furcellaran	帚叉藻聚糖
G block	G链段
galactose	半乳糖
gas chromatography	气相色谱分析
gel	胶体
gel formation	胶体形成
gel strength	胶体强度
gelatinous precipitate	胶状沉淀物
gelling property of alginate	海藻酸的成胶性能
gibberellin	赤霉素
glutathione reductase（GR）	谷胱甘肽还原酶
guluronic acid	古罗糖醛酸
Halidrys siliquosa	海树藻

heavy metal ion	重金属离子
herbicide	除草剂；除锈剂
Himarthalia lorea	海条藻
humic acid	腐植酸
humidity	潮湿度
hydrophilic	亲水的
hytopathogenic organisms	植物病原微生物
immobilized biocatalyst	固定化生物催化剂
immobilizing	固定化
indole acetic acid	吲哚乙酸
industrial grade	工业级
industrial utilization	工业应用
inorganic mineral	无机矿物质
insecticide	杀虫剂
iodine	碘
ion exchange	离子交换
ion uptake	离子吸收
iron	铁
isoprenoid cytokinin	类异戊二烯细胞分裂素
jasmonate	茉莉酮酸
jelly-like nature	胶状性质
kelp	昆布
kinetin	呋喃甲基腺嘌呤
laminaran	海带淀粉
Laminaria digitata	掌状海藻
Laminaria hyperborean	极北海藻
Laminaria japonica	海带
leaf senescence	叶片衰老
leaf surface fertilizer	叶面肥
Lessonia flavicans（LF）	巨藻
Lessonia nigrescens（LN）	巨藻
Lessonia trabeculata（LT）	巨藻
liquid fertilizer	液体肥

low viscosity	低黏度
M block	M链段
M/G ratio	M/G比率
Macrocystis pyrifera（MP）	巨藻
magnesium	镁
manganese	锰
mannitol	甘露醇
mannuronic acid	甘露糖醛酸
medium viscosity	中黏度
micronutrients	微量营养物
microwave-assisted extraction	微波辅助萃取
milled	粉碎后的
mineral nutrient	矿质营养
mineral	矿物质
mixture	混合物
modifier	调节剂；改性剂
moisture	水分
monocotyledon	单子叶植物
monocotyledonous crop	单子叶植物的作物
monovalent cation	单价阳离子
multilayer tablet	多层片
Myxophyceae	蓝藻
natural polymer	天然高分子
nematode	线虫动物门
nematode infestation	线虫感染
neutralization	中和
nitrate nitrogen	硝态氮
nitrogen	氮
nitrogenous fertilizer	氮肥
nucleic acid synthesis	核酸合成
nutrient availability	养分有效性
nutrient mobilization	营养元素活化
nutrient partitioning	营养分配

oil-soluble film	油溶性薄膜
oligosaccharide	寡糖
organic acid	有机酸
organic agriculture	有机农业
organic amendment	有机改良剂
organic fertilizer	有机肥
organic matter	有机质
osmolyte	渗透剂
osmoprotectant	渗透调节剂
osmoregulation	渗透调节
osmotic stress	渗透胁迫
Padina pavonia	粉团扇藻
particle size	颗粒大小
paste	浆
Pathogen	病原体；病原菌
Pelvetia canaliculata	鹿角菜
pest and disease	病虫害
Phaeophycota	褐藻
phosphate	磷酸盐；磷肥
phosphorus	磷
photosynthate	光合产物
phycocolloid	藻胶
physical property	物理性能
physiological process	生理学过程
phytohormone	植物激素
phytopathogenic fungi	植物病菌
phytophthora kernoviae	植物病害
phytophthora lateralis	食虫病
plant endogenous hormone	植物内源激素
plant growth hormone（PGH）	植物生长激素
plant growth regulator	植物生长调节剂
plant pathogen	植物病原体
polyamine	多胺

polysaccharide	多聚糖
polysaccharide chain	多糖链
polysaccharide fraction	多糖组分
potassium	钾
potassium carbonate	碳酸钾
potassium hydroxide	氢氧化钾
potassium salt	钾盐
powder	粉末
powdered	粉状
pretreatment	预处理
probiotics	益生菌；微生物制剂
processing equipment	加工设备
property	性能
propylene glycol alginate	海藻酸丙二醇酯
purified	纯化的
reactive oxygen species	活性氧类
rehydrated	重新湿润
remediation of soil	土壤修复
renewable	可再生
reproductive organ	生殖器官
residue	残留物
rhizosphere	根际
rhizosphere microbial community	根际微生物群落
Rhodophyceae	红藻
root rotting fungi	根腐真菌
salicylate	水杨酸盐
Sargassum	马尾藻
Sargassum linifolium	线叶马尾藻
seaweed	海藻类植物
seaweed bacterial fertilizer	海藻菌肥
seaweed blended fertilizer	海藻掺混肥
seaweed compound feitilizer	海藻复混肥
seaweed hydrocolloid	海藻胶

secondary metabolite	次生代谢产物
seed germination	种子萌发
signal peptide	信号肽
slow release fertilizer，SRF	缓释肥料
soaking	浸泡
sodium	钠
sodium alginate	海藻酸钠
sodium carbonate solution	碳酸钠溶液
soil acidification	土壤酸化
soil aeration	土壤通气性
soil aggregated structure	土壤团粒结构
soil amendment	土壤改良
soil conditioner	土壤调节剂
soil hardening	土壤板结
soil organism	土壤有机体
soil remediation	土壤修复
soil salinization	土壤盐渍化
solubility	可溶性
solution tablet	溶液片
solvent	溶剂
specification for alginate	海藻酸指标
Sphacelaria bipinnata	黑顶藻
stabilized fertilizer	稳定性肥料
stabilizer	稳定剂
sterol	甾醇
stress protein	逆境蛋白
stress tolerance	抗逆性
strigolactone	独脚金内酯
structure of alginic acid	海藻酸的结构
superoxide dismutase	超氧化物歧化酶
sustained release system	缓释系统
sustained release tablet	缓释片
swell when wetted with water	遇水湿润后膨胀

synthetic cytokinin	合成细胞分裂素
Taonia atomaria	孔雀尾
technical grade	技术级
tetrasodium pyrophosphate	焦磷酸四钠
thickener	增稠剂
thickening	增稠
trace elements	微量元素
turfgrass	草坪草
vegetative growth	营养生长
vegetative part	营养器官
vegetative plant organ	植物营养器官
vegetative propagation	营养繁殖
viscosity	黏度
viscosity of aqueous solution	水溶液的黏度
viscous	黏稠的
water flush fertilizer	冲施肥
water soluble fertilizer，WSF	水溶性肥料
water soluble polymer	水溶性高分子
water-holding capacity	持水能力
water-soluble	水溶的
winter hardiness	耐寒性
Xanthophyceae	黄藻
xylose	木糖
zeatin	玉米素
zeatin riboside	玉米素核苷

附录二

海藻肥的应用案例

一、海藻肥在肥城桃上的应用

海藻肥品种： 蓝能量海藻有机肥

施用方法： 秋季采果后，基施蓝能量海藻有机肥3 ~ 5kg/株。

作用机理： 海藻含有丰富的微量元素和海藻多糖、酚类多聚物、甜菜碱等多种天然活性成分，具有促进植物体内有机物和无机物的上下输送、调节细胞的渗透作用、促进作物生长、诱发作物产生抗逆因子、提高机体免疫力、增加作物抗病性等多种功效，对植物体内的一系列酶有保护作用。海藻中还含有褐藻糖胶，具有抗病毒、消除自由基和抗氧化作用，能提高果树免疫系统功能、调节增强免疫力。

使用效果： 提高肥桃品质，有效预防肥桃塌核病的发生。肥城桃塌核病，又称肥城桃褐腐病，是由于肥城桃果形偏大，其果实缝合线（即桃果上一条纵向凹陷纹），在营养供应不足、微量元素缺乏的情况下容易塌陷，造成果形不饱满，后期在缝合线的位置果实易褐变腐烂，严重影响果实品质和货架期。使用海藻肥后肥桃果型饱满、硬度提高，避免了塌核病的发生，延长了桃子的货架期。

施用海藻肥的肥城桃

二、海藻肥在苹果上的应用

海藻肥品种： 蓝能量海藻有机肥、蓝能量海藻有机-无机复混肥、蓝能量海

藻钾、蓝能量海藻精、蓝能量海藻·醇钙、蓝能量高纯海藻钾

施用方法：连续3年使用蓝能量海藻肥。秋季采果后施用30%蓝能量海藻有机-无机复混肥3～4kg/株和蓝能量海藻有机肥2～3kg/株；展叶期喷施蓝能量海藻精1500倍液和蓝能量海藻·醇钙1000倍液；膨果期冲施蓝能量高纯海藻钾500g/株。

作用机理：海藻肥中的褐藻寡糖能够作为信号调节分子作用于植物，促进植物生长、提高植物对病害的抵抗力。海藻中含有的海藻多糖能够促进作物细胞的渗透作用，增加光合作用，改善作物品质。海藻中的甘露醇具有良好的生物相容性，能快速进入植物细胞，代谢后甘露醇被转化为多糖物质贮存，从而提高果实糖度。

使用效果：促进膨果和上色、表光好、果型正、糖度高、果个大、品质高，无大小年，基本无苦痘病发生，海藻苹果收购价比普通苹果高1.0元/kg。

施用海藻肥的苹果

三、海藻肥在脐橙上的应用I

海藻肥品种：冲施肥使用蓝能量海之蓝钾、叶面肥喷施蓝能量南方果树专用叶面肥、蓝能量海藻醇硼、蓝能量海藻醇钙、蓝能量海藻钾

施用方法：

时间	时期	施肥方法
3月	花期	冲施：蓝能量海之蓝钾0.5kg 喷施：蓝能量南方果树专用+蓝能量海藻醇硼
4月	稳果期	冲施：蓝能量海之蓝钾0.5kg 喷施：蓝能量南方果树专用+蓝能量海藻醇钙
7月	膨果期	冲施：蓝能量海之蓝钾0.25kg 撒施：高钾复合肥0.5kg 喷施：蓝能量南方果树专用+蓝能量海藻钾

施用海藻肥的蜜橘

作用机理：海藻中的海藻低聚糖、甘露醇、甜菜碱、酚类、氨基酸、矿物质、维生素等活性物质能促进作物蛋白质和糖的合成，增强作物光合作用和根系的生长发育，增强作物的新陈代谢、抗菌、抗病毒、抗寒、抗旱、抗涝能力，可大大提高作物的免疫力。海藻肥中丰富的海藻内源激素、甘露醇、甜菜碱等活性成分，能有效提高作物产量、改善品质、促进植株生长、提高果实可溶性固形物、维生素C含量、SOD活性及糖酸比，延长贮藏期。

使用效果：果型端正、果个均匀、果面光滑、果色鲜艳、果味香浓、果瓣整齐，无浮皮果，果肉甘甜多汁，细腻无渣，糖度达到15° Brix，获得江西寻乌第一届蜜橘王。

四、海藻肥在葡萄上的应用

海藻肥品种：蓝能量海藻·醇钙、蓝能量海藻·醇硼、蓝能量海之蓝钾

施用方法：叶面喷施蓝能量海藻·醇钙和蓝能量海藻·醇硼1000倍液，15～20d一次；膨果期冲施蓝能量海藻钾30～40kg/亩。

作用机理：蓝能量海藻肥中含有大量葡萄所需的N、P、K等大量元素，以及Ca、Mg、S、Fe等40余种微量元素，还含有天然的生长素、细胞分裂素、赤霉素

对照组葡萄（左）和施用海藻肥的葡萄（右）

等植物激素以及海藻酸、海藻多糖、海藻低聚糖、甜菜碱、维生素等活性物质，这些活性物质可以破除土壤板结，促进根系生长，提高葡萄的抗逆作用，促进葡萄叶片的光合作用，促进果实膨大，提高葡萄的糖度。

使用效果：使用蓝能量海藻肥后葡萄基本没有大小粒的现象，葡萄长势健壮，而且糖度高、口感好、病害少，海藻肥可明显促进葡萄提前5～7d上色，提高葡萄的产量和品质。

五、海藻肥在辣椒上的应用 I

海藻肥品种：蓝能量海藻有机肥、蓝能量海藻有机-无机复混肥

施用方法：种植前施底肥蓝能量海藻有机肥240kg/亩和蓝能量海藻有机-无机复混肥80kg/亩。

作用机理：海藻肥中含有的天然化合物——海藻酸是一种天然土壤调理剂，能促进土壤团粒结构的形成，改善土壤内部孔隙空间，恢复由于土壤负担

施用海藻肥的辣椒

过重和化学污染而失去的天然胶质平衡，增加土壤生物活动，加速有效养分的释放，有利于根系生长，提高作物的抗逆性。海藻肥中含有的有益菌群可减少土传病害，起到抗重茬作用，减少病害发生。

使用效果：使用蓝能量海藻肥后土壤疏松，辣椒病虫害少，抗涝防早衰，增加产量。

六、海藻肥在冬枣上的应用

对照组冬枣（左）和施用海藻肥的冬枣（右）

海藻肥品种：蓝能量海藻金钾冲施肥、蓝能量海藻大量元素水溶肥

施用方法：膨果期冲施蓝能量海藻金钾24kg/亩和蓝能量海藻大量元素水溶肥10kg/亩。

作用机理：海藻中的反玉米素、二氢玉米素、异戊烯腺苷嘌呤、反玉米素核苷等细胞激动素，具有促进细胞分裂，扩大细胞体，打破种子休眠，促使萌发，解除顶端优势，促进侧芽生长，抑制衰老等作用。海藻肥还含有赤霉素、吲哚乙酸、吲哚丁酸等生长素，可打破休眠，促进植物生长，诱导开花，可促进木质部、韧皮部细胞分化，刺激新根形成，促进插条发根，调节愈伤组织的形成。

使用效果：使用蓝能量海藻肥后冬枣提前成熟，上市早。冬枣个大、皮薄、核小、肉厚、口感脆甜、品质高，每亩增产10%以上。

七、海藻肥在樱桃上的应用

海藻肥品种：蓝能量50%海藻有机肥、蓝能量海藻掺混肥、蓝能量海藻钾冲

施肥

施用方法：秋季采果后施底肥：蓝能量50%海藻有机肥5kg/株和18-8-20蓝能量海藻掺混肥5kg/株，5月中旬冲施蓝能量海藻钾冲施肥1kg/株。

作用机理：冻害影响作物体内酶活性，膜脂变相（细胞膜形态）导致细胞膜破裂和作物失水，从而使作物开花结果受到影响，严重时可导致植株死亡。海藻自身抗冻能力强，富含活性有机质、糖类、醇类、天然生长调节剂、抗逆因子。海藻肥含有甜菜碱，在植物体内，甜菜碱可增加诱发脯氨酸的积累，且甜菜碱可通过保持光系统II复合体蛋白的稳定性来保持低温胁迫下的光系统稳定。冷冻条件下，甜菜碱可保护生物大分子的结构完整性，维持其生理功能。在温度降低时，能维持细胞膜正常形态，提高作物细胞酶活性，避免细胞内结冰对细胞造成的伤害，也能避免细胞内的水流到细胞外，导致作物脱水，从而提高作物的抗寒能力。

使用效果：使用蓝能量海藻肥后樱桃抗寒、抗冻能力强，提高坐果率，果个大、产量高、品质好。

施用海藻肥的樱桃

八、海藻肥在西瓜上的应用

海藻肥品种：蓝能量海藻有机肥、蓝能量海藻旺根、蓝能量海藻·醇硼、蓝能量海藻·醇钙、蓝能量海藻广谱叶面肥、蓝能量海之蓝钾冲施肥、蓝能量海藻精、海藻金钾冲施肥

施用海藻肥的西瓜在山东沂南双堠镇西瓜大奖赛上获得第一名

施用方法：

生育期	施肥方法
播种前	底肥：海藻有机肥160kg/亩
定植后	冲施：海藻旺根稀释2kg/亩 喷施：海藻·醇硼稀释1000倍
伸蔓期	冲施：海之蓝钾冲施肥8～12kg/亩 喷施：施用海藻·醇硼稀释1000倍+海藻精稀释1500倍
膨果期	冲施：海藻金钾冲施肥20kg/亩 喷施：海藻广谱叶面肥稀释1000倍+海藻·醇钙稀释1000倍

作用机理：海藻提取液中含有丰富的甜菜碱，如甘氨酸—甜菜碱、6-氨基戊酸甜菜碱、氨基丁酸甜菜碱等。研究表明，用同样浓度的泡叶藻提取液和甜菜碱混合液（组成与泡叶藻提取液中的甜菜碱成分相同）处理作物，60d左右后测定其叶片中叶绿素含量，均高于对照。作物施用海藻肥后，光合作用能力显著提升，光合产物累积能力大幅度提高。叶面喷施海藻肥在植株叶片上降低了水分子表面的张力，使叶片能够更大面积的吸收叶面肥中的营养元素，加快光合产物在植株体内的运输，从而使作物的果实品质得到提高,果实含糖量相应提高。

使用效果：使用蓝能量海藻肥后瓜秧壮、病虫害少、产量高。西瓜瓜瓤紧实、瓜肉沙翠甘甜、瓜肉糖度均匀，中心糖度比对照高2～3° Brix，近瓜皮部分瓜肉糖度比对照高4～5°Brix。

九、海藻肥在大蒜上的应用

海藻肥品种：蓝能量海藻有机-无机复混肥、蓝能量海藻钾冲施肥

施用方法：底肥施用3袋蓝能量40%含量海藻有机-无机复混肥/亩，苗期及蒜头膨大期各冲施蓝能量海藻钾冲施肥10kg/亩·次。

作用机理：山东蒜区为越冬蒜区，而且是老重茬蒜区，主要表现为土壤结构破坏严重，土壤中的有害菌群大面积传播，同时春天返青浇水时，作物在一个冬天的休眠后抗性不足，易导致干尖黄叶和死棵等现象。海藻肥富含海藻酸等多糖类物质，具有螯合及亲水特性，能改良土壤的物理、化学和生物学特性，提高土壤的保水能力，促进根际有益微生物生长。海藻肥含有的活性物质和天然激素能通过直接清除、阻止活性氧的形成以及抑制黄嘌呤氧化等方式抵抗逆境，增强作物返青时的抗逆性。

使用效果：使用蓝能量海藻肥的蒜头平均直径8.5cm，对照蒜头平均直径6cm；亩产鲜蒜2750kg，增产350kg；黄尖、干尖少，无死棵现象。

施用海藻肥的大蒜

十、海藻肥在大姜上的应用

海藻肥品种：蓝能量海藻有机肥、蓝能量海藻旺根、蓝能量海藻精、蓝能量大量元素水溶肥、蓝能量海藻钾冲施肥

施用方法：

施肥时期	施肥品种	施肥量（kg/亩）
底肥	蓝能量海藻有机肥	160
第一水	蓝能量海藻旺根	4
第二水	蓝能量海藻钾冲施肥	8
第三水	蓝能量海藻精	1
第四水	蓝能量大量元素	5
第五水	蓝能量大量元素	5
小培土	蓝能量海藻有机肥	80
第六水	蓝能量大量元素	10
第七水	蓝能量大量元素	10
第八水	蓝能量大量元素	10
第九水	蓝能量大量元素	10
第十水	蓝能量大量元素	10

施用海藻肥的大姜

作用机理：海藻肥含有大量海藻活性物质，其中海藻多糖是主要活性物质，在海藻肥中被称为海藻酸，其含量是海藻肥的重要指标之一。海藻多糖的亲水性较强，能有效结合土壤中的水分，形成土壤团粒结构，降低土壤水分的自然蒸发，提高土壤保墒保水，改善土壤

板结，增加土壤透气性，利于大姜根系的呼吸作用和地下块茎的膨大。海藻肥还含有细胞生长素、细胞分裂素、赤霉素等植物内源激素，能有效调节大姜的营养生长和生殖生长，增加产量。

使用效果：使用蓝能量海藻肥的大姜比常规施肥的大姜植株矮3cm，茎秆粗壮，根系发达、侧根多、毛细根密，姜盘大，子姜、孙姜多，姜型端正、饱满，表面光滑，大姜品质好。随机选取十株大姜进行测量：平均带茎秆重5.385kg，去掉茎秆重3.320kg；姜盘宽40cm，高30cm，有20多个姜股。经过测产，实验田大姜平均重3kg，亩产近10000kg，最大姜块重达5.5kg。使用蓝能量海藻肥的大姜亩投入成本比常规施肥节省400元，产量却提高30%。

十一、海藻肥在脐橙上的应用II

海藻肥品种：海藻有机-无机复混肥、海之蓝钾、海藻旺根、柑橘专用叶面肥

施用方法：冬季施用海藻有机-无机复混肥2kg/株，发芽期撒施海之蓝钾冲施肥0.25kg/株和海藻旺根0.15kg/株，幼果期撒施海之蓝钾冲施肥0.25kg/株，喷施柑橘专用叶面肥1000倍液，15～20d一次。

作用机理：海藻肥营养全面，不仅含有海藻多糖、酚类多聚化合物、甘露醇、甜菜碱、植物生长调节物质（细胞分裂素、赤霉素、生长素和脱落酸等）等大量活性成分，还含有海藻从海洋中富集的矿物元素。海藻多糖能促进作物吸收土壤中的肥料在作物体内的运输，增强作物免疫力，调节作物的营养生长和生殖生长。海藻多酚能防止病菌、病毒的侵害，增强植株抗病能力，能螯合土壤中的重金属,降低其毒害作用。海藻中

施用海藻肥的脐橙

的甜菜碱是一种生物碱，具有较强的驱虫、抗真菌作用，能增强作物的抗寒、抗旱和抗盐碱能力，对植物生长具有调节和促进作用。

使用效果：使用蓝能量海藻肥后脐橙叶片油绿、平展、无黄化叶片，根系发达、主根长、毛细根密、白，树势健壮、枝梢不旺长、老熟快，花芽饱满、保花保果效果明显。5年树龄单棵挂果50kg以上，脐橙果实表光亮、上色均匀，有效解决大小年。

十二、海藻肥在草莓上的应用

海藻肥品种：蓝能量海藻有机肥

施用方法：每亩地6袋，底肥使用。

作用机理：海藻肥促进草莓根系发达，营养供应充足，延长草莓的采摘期，提高产量。

使用效果：山东栖霞大棚草莓2016年每亩使用6袋蓝能量海藻有机肥做底肥后产量提高、结果期延长。 2017年4月当地同类草莓大棚基本进入歇棚期，使用海藻肥做底肥的大棚依然处于结果期，草莓果个端正、香气浓郁，比同类大棚多结果一个月，每个棚多收入1万元。

施用海藻肥的草莓

十三、海藻肥在猕猴桃上的应用

海藻肥品种：蓝能量海藻有机肥、海藻旺根

施用方法：海藻有机肥1.5kg/株，底肥使用；海藻旺根2kg/亩，连续使用3次，追肥时使用。

作用机理：海藻酸及海藻中的其他活性物质，可以调理土壤结构、疏松土壤、激发根系活力、减少因根系问题导致的生理病害。

使用效果：促进根系生长，减少黄叶。四川省是我国红阳猕猴桃的主要产区，红阳猕猴桃是红肉猕猴桃品种，营养丰富，果肉甘甜，但是栽培管理要求高，极易因根系发育不良造成生理性黄叶，给生产经营带来损失。底肥使用蓝能

施用海藻肥的猕猴桃

量根呼吸有机肥2.5kg/株，追施海藻旺根3次（4kg/亩/次），可有效缓解猕猴桃叶片黄化，植株长势健壮，叶片油亮平展，挂果量非常大，亩产可达1500kg以上。

十四、海藻肥在茶叶上的应用

施用海藻肥的白茶（左）和对照组白茶（右）

海藻肥品种：蓝能量海藻有机肥

施用方法：海藻有机肥75kg/亩，底肥使用。

作用机理：海藻酸及海藻中的其他活性物质，可以调理土壤结构、疏松土壤、激发根系活力、减少因根系问题导致的生理病害。

使用效果：江苏溧阳白茶基地，使用蓝能量海藻有机肥做底肥，每亩地75kg做底肥，连续使用2年后白茶香气更浓、滋味更醇厚，有回甘、更耐泡。同时茶树生长状态也有变化，用过海藻有机肥的茶树芽头相对较多、饱满肥厚、颜色鲜亮，而且土壤疏松、透气性好（蚯蚓很多），根系茂盛发达、须根多、土壤保水保肥性能好。

十五、海藻肥在大葱上的应用

海藻肥品种：蓝能量海藻冲施肥

施用方法：大葱生长中期进行冲施，每亩地冲施1桶。

作用机理：海藻肥含有陆生植物生长所必需的I、K、Na、Ca、Mg、Sr等矿物质以及Mn、Mo、Zn、Fe、B、Cu等微量元素，还含有多种天然植物生长调节剂，如植物生长素、细胞分裂素、赤霉素、脱落酸、甜菜碱等。这些生理活性物质可参与植物体内有机和无机物的运输、促进植物对营养物质的吸收、刺激植物产生非特异性活性因子、调节植物内源激素平衡，对植物生长发育以及品质提高具有重要的调节作用。

施用蓝能量海藻肥的大葱地(左)和施用普通海藻肥的大葱地（右）

施用蓝能量海藻肥的大葱(左)和施用普通海藻肥的大葱（右）

使用效果：

部位	使用效果
葱叶	叶梢少有干枯，葱叶笔挺、硬实
假茎	假茎硬实，葱白长、紧实
根系	根系发达，根白、根壮、根密、根长
香气	香味很浓

十六、海藻肥在黄瓜上的应用

海藻肥品种：蓝能量粉剂海藻精

施用方法：在瓜苗移栽定植时进行穴施，在瓜秧生长期进行叶面喷施。

作用机理：蓝能量海藻精采用的原料是深海泡叶藻，经过特殊生化工艺处理，经先进的奶粉浓缩制造工艺提取出的活性物质，含有大量非含氮有机物，具有陆生植物无法比拟的K、Ca、Fe、Zn、I等40余种矿物质元素和丰富的维生素。海藻精中的有效组分经过特殊处理后，呈极易被植物吸收的活性状态，施用后2～3 h即进入植物体内，呈现很快的吸收传导速度。海藻精中的生长素、细胞分裂素和赤霉素等天然植物生长调节剂具有很高的生物活性，各种激素的比例与天然植物中各激素比例相近，可调节作物对营养的吸收，让黄瓜条形更端正，表面更加油亮。

海藻精也可直接增加土壤的有机质，激活土壤中的各种微生物，在植物-微生物代谢物循环中起催化剂作用，增强土壤的生物效力，代谢物为植物提供更多的养分。海藻精是天然生物肥料，可使植物与土壤形成和谐的生态系统，其含有的海藻酸钠是一种天然土壤调节剂，能促进土壤团粒结构的形成，改善土

施用蓝能量海藻精的黄瓜植株（左）和对照组黄瓜植株（右）

对照组黄瓜（左）和施用蓝能量海藻精的黄瓜（右）

壤内部孔隙空间，协调土壤中固、液、气三者的比例，恢复土壤由于化学污染而失去的天然胶质平衡，激发土壤生物活动，增加速效养分的释放，促进作物根系生长，提高作物的抗逆性，使瓜秧营养生长和生殖生长平衡，既不疯长，又增加黄瓜产量。

使用效果：与对照相比，苗期时，穴施海藻精的瓜秧节间短、长度均匀，但秧苗壮；结瓜期，能发现穴施海藻精后摘瓜明显变多，而且瓜条长，瓜条正。施用海藻精后的土壤松软、盐渍化程度减轻，黄瓜长势好、产量高。

十七、海藻肥在辣椒上的应用Ⅱ

海藻肥品种：蓝能量海藻有机-无机复混肥（12-6-12）

施用方法：辣椒整地时做底肥施用，每亩地施用两袋。

作用机理：蓝能量海藻有机无机复混肥将海藻有机质与氮、磷、钾有机结合，有效提高了N、P、K的利用率，并有一定的缓释作用，增加了肥效期。海藻有机质中含有大量从海藻中提取的有利于植物生长发育的天然生物活性物质和海藻从海洋中吸收并富集在体内的矿物质元素，与传统肥料相比，其营养全面，施用后作物生长均衡，增产显著，且极少出现缺素症。

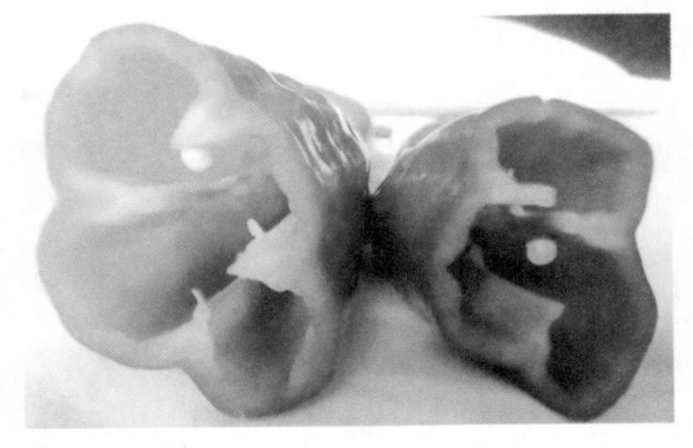

施用蓝能量有机–无机复混肥的辣椒截面（左）和施用三元素复合肥的辣椒截面（右）

海藻有机质中含有的海藻多糖、低聚糖、甘露醇及天然抗生素等物质，具有显著的抑菌、抗病毒、驱虫效果，可大幅度增强作物抗寒、抗旱、抗倒伏、抗盐碱的能力，可谓肥药双效。海藻肥中含有大量的高活性成分，作物易吸收。海藻肥含有的天然化合物能促进土

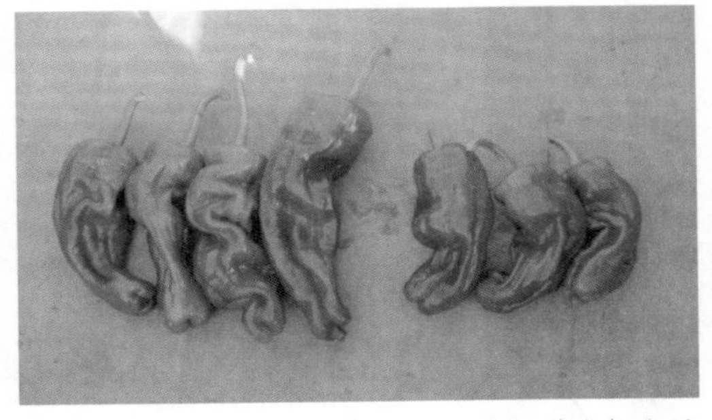

施用蓝能量有机–无机复混肥的辣椒（左）和施用三元素复合肥的辣椒（右）

壤团粒结构的形成，改善土壤内部孔隙空间，增加土壤中微生物的活力，有利于根系生长，增强辣椒抗逆性及抗重茬能力。

使用效果：施用普通三元素复合肥后死苗、缺苗现象严重，发病率高。施用蓝能量有机-无机复混肥后叶片颜色好、叶片厚、根系发达、茎秆粗壮、苗弯曲程度轻，整体植株长势健壮整齐、颜色鲜亮，而且死棵少、抗病能力很强。基本见不到病株，产量达到550kg，与对照组相比增加15%。

十八、海藻肥在香芹上的应用

海藻肥品种： 蓝能量海藻有机肥、蓝能量海藻旺根

施用方法： 蓝能量海藻有机肥做底肥施用、蓝能量海藻旺根在芹菜生长前期施用。

作用机理： 海藻有机质中含有的海藻多糖、低聚糖、甘露醇及天然抗生素等物质，具有显著的抑菌、抗病毒、驱虫效果，可增强作物抗寒、抗旱、抗倒伏、

施用海藻肥的香芹

抗盐碱的能力。海藻肥含有的高活性成分易被作物吸收，施用后作物产量和品质明显提高，尤其在大棚蔬菜上施用后增产效果更显著。蓝能量海藻旺根中含有生长素、赤霉素、细胞分裂素、脱落酸等多种天然植物生长调节物质，可参与植物体内有机物和无机物的运输，促进植物对营养物质的吸收，刺激植物产生非特异性活性因子，促进植物的生长和发育。

使用效果：使用蓝能量海藻肥的芹菜根多、根白、根密，叶色嫩绿、柔软，产量高，亩产达1万千克。

十九、海藻肥在番茄上的应用

海藻肥品种：蓝能量海藻有机肥

施用方法：底施蓝能量海藻有机肥5袋/亩。

作用机理：海藻肥中的海藻酸及碱性离子基团能够促进土壤团粒结构的形成，稳定土壤胶体特性，优化土壤水肥气热体系，提高土壤物理肥力。海藻酸可优先与土壤中的重金属结合，钝化重金属。海藻肥还可补充土壤有益微生物，抑制土壤病菌生长，减轻土传病害。

使用效果：使用蓝能量海藻肥的番茄秧子壮、叶子绿，灰霉病害少。番茄果个大、均匀、上色好。

施用海藻肥的番茄

二十、海藻肥在水稻上的应用

施用海藻肥的水稻

海藻肥品种： 蓝能量海藻冲施肥

施用方法： 撒施蓝能量海藻冲施肥4kg/亩。

作用机理： 海藻提取物能激活植物中一些特定基因及其代谢途径，促进作物产生防御应激反应，释放多种酶类及多酚类功能因子。

使用效果： 使用蓝能量海藻冲施肥使受涝的水稻苗起死回生，小苗开始扎根，生长点露出，秧苗恢复生长。收获时沉甸甸的稻穗压弯了腰，由最初的颗粒无收变成丰收满满。

二十一、海藻肥在玉米上的应用

海藻肥品种： 蓝能量海藻旺根

除草剂造成的玉米药害

施用方法： 冲施蓝能量海藻旺根2kg/亩。

作用机理： 海藻肥含有大量抗病因子，通过物理化学作用与农药形成复合体，是一种很好的农药稀释剂，能解除除草剂造成的药害。

使用效果： 使用蓝能量海藻旺根后，因除草剂造成的玉米药害得到解除。使用海藻肥前，玉米种下

施用蓝能量海藻肥后玉米恢复生长

后存在出苗晚、叶片发黄、节间不长、根系不牢等问题，下部的叶片由黄色变成白色，10片叶子的玉米只有30多厘米高，只有生长点的两片叶子是黄绿色的。在这样的玉米上使用海藻肥5d后，玉米叶片迅速变绿后恢复生长。

附录三

青岛明月海藻集团

青岛明月海藻集团位于山东省青岛市黄岛区明月路。公司创建于1968年，主营以大型褐藻为原料生产的海藻酸盐、功能糖醇、海洋生物医用材料、海洋化妆品、海洋功能食品、生态肥料等六大产业，是目前全球最大的海藻生物制品生产企业。

公司拥有海藻活性物质国家重点实验室、农业部海藻类肥料重点实验室、国家地方联合工程研究中心、国家认定企业技术中心、院士专家工作站、博士后科研工作站等一系列国家级科研平台，先后荣获国家高新技术研究发展计划（863计划）成果产业化基地、国家海洋科研中心产业化示范基地、全国农产品加工业示范企业、国家创新型企业、国家技术创新示范企业、全国农产品加工业出口示范企业等荣誉称号，“明月牌”商标被认定为“中国驰名商标”，是中国海藻酸盐制造业单项冠军。

近年来，明月集团依托蓝色经济发展平台，以转方式、调结构为主线，充分发挥海洋科研优势，不断使公司发展迈向“深蓝”。先后承担国家科技支撑计划、国家863计划等国家级项目20余项，开发了海洋药物、食品配料、海藻酸盐纤维医用材料等180多个新产品，制定产品技术标准100多项，其中国家标准1项、行业标准2项。

公司先后获得国家科技进步二等奖1项、省部级科技奖5项，通过省部级科技成果鉴定30多项，申请国家发明专利80多项，获得授权专利40多项。公司的食品级海藻酸钙产品、超高稳定性交联改性海藻酸盐产品、新型仿蜡染海藻酸钠印花糊料、海洋生物医用材料系列产品等新产品技术经评价鉴定达到国际领先水平。

公司主导产品市场占有率稳步提升，国内、国际市场占有率分别达到33%、25%以上，拉动了海藻养殖、加工、海藻生物制品研发、生产、销售全产业链的发展壮大。

2015年，由科技部批准成立的海藻活性物质国家重点实验室坐落于胶州湾畔的青岛明月海藻集团海藻生物科技中心。实验室以提高我国海藻生物产业自主创新能力和产品附加值为总体目标，研究海藻活性物质的提取和分离、功能化改性以及功效和应用领域的共性关键科学技术和理论，整合基于海藻生物资源的海藻活性物质的结构、性能和应用数据库，通过化学、物理、生物等改性技术的应用提高海藻活性物质的功效、拓宽其应用领域，为海藻活性物质在功能食品、医药、生物材料、美容化妆品、生态农业等高端领域的应用提供了坚实的科学理论基础，促进了我国海藻生物产业向高附加值、高端应用转型升级。

实验室拥有“制备技术研究室”“结构分析研究室”“生物改性研究室”“理化改性研究室”“功效分析研究室”“应用技术研究室”等6个专业研究室，拥有电感耦合等离子体质谱仪、高效液相色谱仪、原子吸收光谱仪、元素分析仪、差示扫描量热仪等原值达5600多万元的检测设备，是我国海藻活性物质研究开发领域的一个重要基地。

青岛明月蓝海生物科技有限公司是青岛明月海藻集团有限公司的全资子公司，自1996年开始开展海藻肥的研发、生产和市场应用。2000年12月，海藻肥在国家农业部正式获批；2001年初明月蓝海生物科技有限公司成为国内最早获得海藻肥登记证的企业之一。公司以进口野生深海泡叶藻为原料，专业从事新型绿色海藻生物功能肥料、微生物肥料、测土配方肥料的研发、生产、推广和销售，在行业内享有较高知名度和美誉度。

公司目前拥有分厂4处，占地总计200余亩，生产设备居行业领先水平；拥有员工180余人，其中硕士研究生20名；年产各类肥料约5万吨，售后服务完善，销售网络遍布全国，并出口欧美、日韩等国家和地区，年销售收入10000余万元，在海藻肥行业内具有极大影响力。

公司开发的海藻特色肥料产品技术来源于中国科学院海洋所承担的国家“九五”科技攻关项目，是国家星火计划成果和海藻肥中唯一的“863”计划成果。产品通过欧盟有机认证和德国有机认证，被国家苹果工程技术研究中心授予“国家苹果工程技术研究中心唯一指定海藻肥生产基地”称号。

公司研发实力雄厚，2017年获批成立农业部海藻类肥料重点实验室。同时联合山东农业大学、南京农业大学、华中农业大学等高校院所的权威农用微生物专家开展微生物肥料的研发与生产，团队综合水平领先国内，获评青岛市海藻农用微生物专家工作站。通过承担国家级星火计划项目，开发出系列生物肥料、生物农药等微生物制剂。

目前公司开发的“蓝能量”品牌海藻肥已经形成6大系列100多个品种，包括海藻有机肥、海藻有机-无机复混肥、海藻冲施肥、海藻叶面肥、海藻微生物肥料、海藻掺混肥料等。按照产品主要功能分为3个类型。

（1）调理土壤型　包括海藻有机肥和微生物肥料；

（2）调控生长型　包括海藻叶面肥；

（3）平衡营养型　包括海藻有机-无机复混肥、海藻冲施肥、海藻掺混肥。

“蓝能量”品牌海藻肥在全国各地各种作物上应用广泛，被广大农户誉为“真

真正正海藻肥”。产品的特点包括以下几方面。

（1）绿色、安全、高效　海藻肥以天然海藻为原料，对环境友好，吸收利用率高，产品大多呈现中性特点，适合长期大量使用且对土壤无害。

（2）剂型全面　满足各种作物各生育期对养分的需求，产品有液体肥料、固体肥料（水溶性、非水溶性），可满足人们生产中对改良土壤、增加土壤肥力、平衡供应作物养分、调节作物生长等的需要。

（3）原料最佳　深海野生泡叶藻是海藻肥的最好原料。明月集团从智利、法国等国家进口泡叶藻作为“蓝能量”海藻肥的加工原料，是国内海藻肥行业唯一使用进口野生泡叶藻生产海藻肥的企业。

（4）含量高、活性强、效果明显　“蓝能量”海藻肥中活性物质含量高，配比科学，经过10余年市场验证和反馈，对于提高产品品质和产量效果明显。

（5）工艺水平先进，产品质量稳定　“蓝能量”海藻肥采用世界首创二级复混技术，处于行业领先地位；是拥有知识产权的高新技术产品，产品质量稳定。